Moussa Abbas

Valorisation du noyau d'abricot dans la dépollution des eaux

Moussa Abbas

Valorisation du noyau d'abricot dans la dépollution des eaux

Application de la technique d'adsorption pour l'élimination des polluants sur un adsorbant a base de noyau d'abricot

Presses Académiques Francophones

Imprint
Any brand names and product names mentioned in this book are subject to trademark, brand or patent protection and are trademarks or registered trademarks of their respective holders. The use of brand names, product names, common names, trade names, product descriptions etc. even without a particular marking in this work is in no way to be construed to mean that such names may be regarded as unrestricted in respect of trademark and brand protection legislation and could thus be used by anyone.

Cover image: www.ingimage.com

Publisher:
Presses Académiques Francophones
is a trademark of
International Book Market Service Ltd., member of OmniScriptum Publishing Group
17 Meldrum Street, Beau Bassin 71504, Mauritius

Printed at: see last page
ISBN: 978-3-8416-3275-3

Remerciements

Je remercie infiniment Mr **BENAMARA Salem**, Professeur à la Faculté des Sciences de l'Ingénieur (FSI) et Directeur du Laboratoire des Technologies Douces, Valorisation, Physicochimie des Matériaux Biologiques et Biodiversité (LTDVP) de la Faculté des Sciences (FS) à l'université M'hamed Bougara pour la confiance qu'il m'a accordée en m'accueillant dans son laboratoire.

Mes remerciements également à Mr **NOURI L'hadi**, Professeur à la Faculté des Sciences de l'Ingénieur (FSI) et Directeur du Laboratoire des Technologies Alimentaires, pour les moyens matériels qui mon été accordés et mis à ma disposition lors des premiers essais d'adsorption effectués dans son laboratoire, ainsi pour m'avoir honoré en acceptant la présidence du jury de thèse. Qu'il trouve ici l'expression de ma gratitude.

Je remercie tout particulièrement ma directrice de thèse, Mme **KADDOUR Samia** (M.C.A) de la Faculté de Chimie (FC) de l'université Houari Boumediene (USTHB) pour avoir assuré la direction scientifique de ce travail. Sa patience, sa disponibilité, ses conseils éclairés et son soutien constant m'ont été précieux tout au long de la préparation de cette thèse.

Mes remerciements à Mr **CHERFI Abdelhamid** (M.C.A) de la Faculté des Sciences (FS) de l'université de Boumerdes (UMBB), mon Co-directeur de thèse pour ces conseils et son implication importante dans ce travail. J'ai été extrêmement content d'avoir pu profiter, de sa grande culture scientifique. Je tiens à lui adresser ma profonde reconnaissance.

Mes vifs remerciements s'adressent aussi à Mme **MERZOUGUI Zoulikha**, Professeur à la Faculté de Chimie (FC) de l'université Houari Boumediene (USTHB), pour l'honneur qu'elle m'a fait en acceptant de participer à ce jury et d'examiner mon travail.

J'exprime également ma grande gratitude à Mr **YEDDOU Ahmed Réda** (M.C.A) de la Faculté des Sciences de l'Ingénieur (FSI) de l'université de Boumerdes (UMBB), pour son intérêt et le temps qu'il me consacre pour l'évaluation scientifique de mon travail.

Je dois également remercier Mr **KHELIFI Aissa** (M.C.A) de la Faculté de Chimie de l'université Houari Boumediene (USTHB), pour avoir participé à la reconnaissance et l'intérêt de ce travail ainsi que pour avoir accepté de l'examiner ; qu'il trouve ici l'expression de ma profonde gratitude.

Enfin, je remercie tous les membres de jury qui ont accepté de juger ce travail et qui ont fait part de leurs remarques constructives.

Dédicaces

Je tiens à remercier en premier lieu Dieu le tout Puissant qui nous a donné les capacités physiques et morales ainsi que le courage et la santé pour la réalisation de ce travail.

Je dédie ce travail à la mémoire de :

Mon père
Mon frère Brahim
Ma mère
Ma sœur Dahbia

A mes frères
A ma sœur

Enfin, je remercie toute ma famille pour son aide inestimable, en particulier mon épouse et mes enfants :

Nabil
Sabrina et
Mohamed

Ainsi que tous ceux qui de prés ou de loin ont contribué à la réalisation de ce travail; qu'ils soient remerciés ici, dont en particulier Mr Zitouni BENABDELGHANI.

- *Citation* -

« Le monde ne sera pas détruit par ceux qui font le mal, mais par ceux qui le regardent sans rien faire »

[*Albert Einstein*]

Liste des abréviations

A : Constante déterminée empiriquement

α (mg.g^{-1}.min^{-1}) : Taux d'adsorption initial

β (g.mg^{-1}) : Constante reliée à la surface et à l'énergie d'activation de la chimisorption

K_L (L.mg^{-1}) : Constante de Langmuir

K : Constante qui dépend de l'élément à doser

k_1 (mn^{-1}) : Constante de vitesse pour une cinétique du pseudo premier ordre

K_2 (g.min.mg^{-1}) : Constante de vitesse pour une cinétique du pseudo-second ordre

k_{int} (mg.g.min$^{-1/2}$) : Constante de diffusion intra particule

K_f (L.g^{-1}) et n : Constantes de Freundlich.

C (mg.L^{-1}) : Concentration dans la solution de l'élément considéré

C_e (mg.L^{-1}) : Concentration de l'adsorbat à l'équilibre

Cs (mg.L^{-1}) : Concentration à la saturation

$\Delta H°$ (J.mol^{-1}) : Enthalpie standard

$\Delta G°$ (J.mol^{-1}) : Enthalpie libre standard

$\Delta S°$ (J.mol^{-1}.K^{-1}) : Entropie standard

Kc : Constante d'équilibre

R_L : Paramètre d'équilibre

I_0 : Intensité de la radiation incidente

I : Intensité de la radiation après la traversée de la flamme

L : Longueur du chemin optique

P_o (g) : Masse de la capsule vide

P_1 (g) : Masse de la capsule contenant la masse initiale m_o (avant séchage)

P_2 (g) : Masse de la capsule contenant la masse sèche m_S (après séchage)

m_o (g) : Masse initiale humide (prise d'essai)

m_S (g) : Masse sèche

m (g) : Masse de l'adsorbant

T (%) : Teneur en eau

H (%) : Taux d'humidité

M.O (%) : Pourcentage de la matière organique

pH$_{zpc}$: pH isoélectrique

P.A.F (%) : Perte au feu

pH : Pouvoir en hydrogène

q$_{max}$ (mg.g^{-1}) : Capacité d'adsorption maximale

q$_t$ (mg.g^{-1}) : Quantité adsorbée de l'adsorbat par gramme d'adsorbant à un temps t

q$_e$ (mg.g^{-1}) : Quantité adsorbée de l'adsorbat par gramme d'adsorbant à l'équilibre

q$_{ex}$ (mg.g^{-1}) : Quantité d'adsorption maximale à l'équilibre

R$_t$ (%) : Rendement d'élimination à l'instant t

R$_e$ (%) : Rendement d'élimination à l'équilibre

C$_o$ (mg.L^{-1}) : Concentration initiale

C$_t$ (mg.L^{-1}) : Concentration résiduelle à l'instant t

LD (mg.L^{-1}) : Limite de détection

CMA (mg.L^{-1}) : Concentrations maximales admissibles

$\rho_{(ap)}$ (g.cm^{-3}) : Masse volumique apparente

$\rho_{(réelle)}$ (g.cm^{-3}) : Masse volumique réelle

Ip : Indice de porosité

N (6.023 10^{23} molécules.mol^{-1}) : Nombre d'Avogadro

M (28.0134 g.mol^{-1}) : Masse molaire de l'azote

ρ_m (16.2 10^{-20} m^2) : L'aire occupée par une molécule d'azote

S$_{BET}$ (m^2.g^{-1}) : Surface spécifique

P (mmHg) : Pression de N$_2$ à l'équilibre

Po (mmHg) : Pression de vapeur saturante du gaz

W (g) : Masse de gaz adsorbée à une pression relative P/Po

W$_m$ (g) : Masse de la monocouche des molécules de gaz adsorbées

X$_o$ (g) : Masse du soluté adsorbée par la première couche

t (mn) : Temps

V (mL) : Volume de l'échantillon

V$_1$ (mL) : Volume aéré occupé par la poudre du (NANT)

V$_2$ (mL) : Volume tassé occupé par la poudre du (NANT)

NANT : Noyau d'abricot non traité

NATA : Noyau d'abricot traité par l'acide

K$_E$ (L.mg^{-1}) : Constante d'Elovich

b$_T$ et A$_T$: Constantes d'isotherme de Temkin

R (8.314 J.K^{-1}.mol^{-1}) : Constante des gaz parfaits

T (K) : Température absolue

ε : (1+ 1/Ce) : Paramètre de Dubinin-R

Ea (J.mol^{-1}) : Energie d'activation

K$_D$: Constante de Dubinin-R

E (kJ.mol^{-1}) : Energie moyenne d'adsorption de Dubinin-R

t$_{1/2}$ (s) : Temps de demi-réaction (réaction d'adsorption à l'équilibre)

r$_0$ (cm) : Diamètre des grains de l'adsorbant

D (cm^2.s^{-1}) : Coefficient de diffusion

F = (qt/qe) : Fraction partielle à l'équilibre

K$_{Fd}$: Constante de vitesse

K$_F$ et m : Constantes du modèle de Toth

λ (nm) : Longueur d'onde d'absorption maximale

R^2 : Coefficient de corrélation

SD (%) : Standard déviation

Abs : Absorbance

Abs $_m$: Absorbance moyenne

RMSE, SSE et X^2 : Paramètres de calcul des erreurs statistiques, respectivement : Racine de l'erreur quadratique moyenne, Somme des carrés des résidus et Khi-carré.

L.A.B : Paramètre de détermination de l'indice de couleur

FX : Fluorescence X

DRX : Diffraction des rayons X

M.E.B : Microscope Electronique a Balayage

B.E.T : Brunauer-Emmett et Teller

FAAS : Flamme Atomic Absorption Spectrometry

FTIR : Spectroscopie Infrarouge à Transformée de Fourier

ATG : Analyse thermogravimétrique

Résumés

Résumé

La pollution des eaux et des sols par certains produits chimiques d'origine industrielle ou agricole constitue une source de dégradation de l'environnement. Actuellement, la pollution suscite un intérêt particulier à l'échelle internationale.

La dépollution des eaux contaminées par les colorants et les métaux lourds s'avère nécessaire pour la protection de l'environnement. A cette fin, beaucoup de techniques de traitement ont été développées, mais malheureusement, ces technologies sont coûteuses. Il faut noter qu'il existe une méthode simple pour le traitement des eaux de rejet industriel et qui est l'adsorption. Cette technique est très attrayante pour sa simplicité et son faible coût. L'adsorbant le plus utilisé est le charbon actif, car il possède des propriétés d'adsorption et de sélectivité exceptionnelles. Ce type d'adsorbant étant onéreux a poussé les scientifiques à développer de nouveaux matériaux biologiques. Les noyaux d'abricots constituent une source importante de déchets agricoles. En fait, ces sous-produits sont pourtant susceptibles de présenter un intérêt économique. A cette fin nous nous sommés intéressés à l'élaboration d'un adsorbant à base de ce déchet par activation chimique et physique.

Des tests d'adsorption réalisés sur des solutions synthétiques de cobalt et de colorant après l'optimisation des paramètres analytiques, montrent que les isothermes d'adsorptions obtenues sont parfaitement décrites par les modèles de Langmuir et Freundlich. La capacité maximale d'adsorption à 22.5 $^{\circ}$C vaut 111.11 mg.g^{-1} à pH 9 pour le cobalt et 10.09 mg.g^{-1} pour le colorant à pH 2. La température a un effet considérable sur le phénomène d'adsorption du colorant; en effet, la capacité d'adsorption est de 98.022 mg.g^{-1} à 50 $^{\circ}$C et l'énergie d'activation vaut 66.161 kJ.mol^{-1}.

La modélisation des cinétiques des deux polluants montre que la cinétique de pseudo-second ordre décrit mieux les résultats expérimentaux et l'étude thermodynamique révèle un processus endothermique, non spontané pour le cobalt et exothermique spontané pour le colorant bleu de Coomassie.

L'étude comparative des capacités maximales d'adsorption par rapport à d'autres adsorbants montre que les résultats sont satisfaisants et que l'adsorbant élaboré pourrait contribuer dans la dépollution des effluents industriels.

Mots-Clé: Adsorption; cobalt; colorant; noyaux d'abricots

Summary

Pollution of water and soil, accidentally or deliberately, by some industrial chemicals or agricultural origin is a source of environmental degradation and requires nowadays a particular global interest. Remediation of water contaminated by heavy metals and dyes is necessary for the protection of the environment, thus, several methods have been used, but many of these technologies are expensive, the adsorption technique seems to be well suited because of its effectiveness and economic considerations. The activated carbon is the adsorbent of choice because of its ability account and selectivity but its expensive cost has prompted researchers to develop new biological materials. Apricot stones are a significant source of agricultural waste, such as products are however likely to be of economic interest. Hence, in this work we aimed to develop an adsorbent based on this agricultural waste after activation by chemical and physical methods.

The adsorption tests on synthetic solutions of cobalt and dye after optimization of analytical parameters show that the adsorption isotherms obtained are perfectly described by the Langmuir and Freundlich models, the maximum adsorption capacity is found equal to 111.11 $mg.g^{-1}$ at pH 9 for cobalt and 10.09 $mg.g^{-1}$ for the dye at pH 2 and 22.5 °C. The effect of the temperature is great on the dye adsorption; indeed, the adsorption capacity increases to 98. 022 $mg.g^{-1}$ by increasing the temperature to 50°C. The activation energy was estimated by using the Arrhenius equation and was equal to 66.161 $kJ.mol^{-1}$.

Kinetic modeling of the two pollutants shows that the kinetics of pseudo-second order described better the experimental results and the thermodynamic study reveals an endothermic and non spontaneous process for cobalt and exothermic and spontaneous for the dye.

The comparative study of maximum adsorption capacities to other adsorbents shows that the results are satisfactory and that the adsorbent developed in this work can help in cleaning up industrial effluents.

Keywords: Adsorption; apricot stone; cobalt; dyes

ملخص

يعد تلوث المياه والتربة عن قصد أو غير قصد بسبب بعض المواد الكيميائية الصناعية أو بالأصل زراعية مصدراً للتدهور البيئي ما يتطلب اهتماما دوليا خاصا في الوقت الحالي. كما أن معالجة المياه الملوثة بالمعادن الثقيلة و الأصباغ أمر ضروري لحماية البيئة، لذا استخدمت عدة طرق، إلا أن العديد من هذه التكنولوجيات مكلفة، وعليه فإن تقنية الادمصاص تعد مناسبة تماما بسبب فعاليتها وأيضا لاعتبارات اقتصادية ، و يبقى الفحم المنشط المفضل بسبب قدرته الانتقائية ولكن تكلفته باهظة، ما دفع الباحثين للبحث عن تطوير مواد بيولوجية جديدة.

تشكل نواة حبات المشمش مصدر هام للنفايات الزراعية، هذه النفايات من الممكن استرجاعها وتحقيق منفعة اقتصادية. لهذا الغرض اهتمنا بتحضير ممتص، من خلال تطوير مكثف على أساس النفايات وتفعيلها باستخدام الوسائل الكيميائية والفيزيائية.
ولتحقيق ذلك قمنا بإجراء تجارب على محاليل اصطناعية لعنصر كيميائي الكوبالت و الصبغ بعد دراسة العديد من العوامل الكميائية التحليلية التي تؤثر على الادمصاص.

بين منحنى الأيسوثرم (Isotherme) أن نتائج التجارب باستخدام نماذج (Langmuir و Freundlich) توافقت بشكل جيد مع النتائج النظرية. الحد الأقصى لقدر الادمصاص يساوي 111.11 ملغ/غ في درجة الحموضة 9 للكوبالت و 10.09 ملغ/غ للصبغ في درجة الحموضة 2 و درجة الحرارة 22.5 درجة مئوية. وعليه نلاحظ أن درجة الحرارة لها تأثير مهم على ادمصاص الصبغ، حيث ارتفع الحد الأقصى للادمصاص إلى 98.022 ملغ/غ في درجة الحرارة 50 درجة مئوية، كما تم تقييم طاقة التنشيط بقيمة 66.161 كج/مول.

بينت النمذجة الحركية للملوثين أن الحركة الزائفة درجة 2 توافق نتائج الدراسة التجريبية. من جانب أخر، بينت الدراسة التيرموديناماكية أن تفاعل الادمصاص ماص للحرارة للكوبالت و طارد للحرارة للصبغ، وتبين قيم الطاقة الحرة أن التفاعلات ليست عفوية.

تبين الدراسة المقارنة للحد الأقصى لقدرات الادمصاص مقارنة لباقي الاختصاصات أن النتائج المتحصل عليها مقبولة وأن الامتصاص المحضر من بقايا نواة المشمش يساعد في تخفيض تلوث المواد الصناعية.

الكلمات الدالة: الصبغ؛ الكوبالت؛ الادمصاص ؛ نواة المشمش.

SOMMAIRE

Chapitre I

Chapitre II

ETUDE BIBLIOGRAPHIQUE

Chapitre III

PARTIE EXPERIMENTALE

INTRODUCTION
GENERALE

Introduction générale

L'eau est l'élément central de tous les processus socio-économiques, quelque soit le degré de développement de la société. L'augmentation des activités agro-industrielles engendre une pression grandissante sur les réserves en eau douce de la planète. Ce développement accéléré s'accompagne souvent d'une pollution de l'atmosphère et des eaux posant ainsi un réel problème pour l'environnement. Souvent, les substances chimiques contenues dans les eaux de rejet sont difficilement biodégradables. Le manque ou l'insuffisance des systèmes de traitement mène ainsi à leur accumulation dans le cycle de l'eau. La protection de l'environnement est devenue un enjeu économique et politique majeur car tous les pays du monde sont concernés par la sauvegarde des ressources en eau douce [1]. En Algérie, plus de 100 millions de m^3 d'eau de rejet contenant des colorants et des métaux lourds sont rejetés chaque année dans l'environnement, selon le ministère de l'environnement. [2]. La présence de ces résidus dans l'eau, même à de très faibles quantités, est très visible et indésirable. En fait, leur présence dans les cours d'eau réduit l'activité de la photosynthèse [3]. Le danger de ces polluants réside dans leur accumulation qui provoque des conséquences graves sur les écosystèmes et par la suite sur la santé humaine [4]. Par conséquent, la dépollution des eaux contaminées par ces composés chimiques s'avère nécessaire aussi bien pour la protection de l'environnement que pour une éventuelle réutilisation de ces eaux non conventionnelles. A cet effet, des instances internationales telles que l'Agence de Protection de l'Environnement (APE), l'Organisation Mondiale de la Santé (OMS) et l'Union Européenne (UE) sont chargées d'inspecter, de surveiller et de protéger les milieux naturels.

De ce fait, plusieurs méthodes biologiques, physiques et chimiques tels que la filtration sur des membranes, la biodégradation microbienne, l'ozonisation et l'oxydation ont été utilisées pour le traitement des effluents industriels [5]. Néanmoins, beaucoup de ces techniques sont coûteuses, particulièrement lorsqu'elles sont appliquées aux effluents à haut débit [6].

Dans ce contexte, l'adsorption s'avère être une technique simple et efficace pour l'élimination des polluants organiques et minéraux, que ce soit pour des eaux chargées

2

ou encore dans les traitements tertiaires de peaufinage de la qualité des effluents des stations d'épuration en vue d'une réutilisation industrielle ou agricole de ces effluents. En plus, la mise en place de la technique d'adsorption n'est pas onéreuse comparativement aux techniques utilisées [7].

A cet effet, le charbon actif, matériau de texture poreuse très développée, reste de loin l'adsorbant de choix dans la dépollution environnementale, il possède une grande capacité et une bonne sélectivité d'adsorption. Cependant, son coût onéreux et la nécessité de régénération limite son utilisation dans les pays en voie de développement. Cela a motivé les scientifiques à utiliser de nouveaux matériaux tels que: les déchets cellulosiques, le bois, les coques de fruits, les noyaux de fruits, les charbons minéraux, les polymères et les résidus de l'agriculture [8-17]. Ces derniers ont une efficacité comparable à celle des charbons actifs et plus attrayants sur le plan économique dans le traitement des eaux de rejet. Ce choix est dicté par l'importance de la surface importante de ces matériaux, leurs propriétés intrinsèques, leur faible coût, la présence de charges sur la surface, la possibilité d'échange d'ions et surtout pour leur disponibilité dans la nature.

La production d'abricot, en Algérie, connait une grande augmentation selon les statistiques faites par l'Organisation des Nations unies de l'Agriculture et l'Alimentation (FAO) [18]. Le taux de croissance annuelle enregistré en 2007 est de 13.3 %, ainsi l'Algérie présente un taux de 3.5 % de la production mondiale. Des quantités importantes de noyaux d'abricots sont générées chaque année et constituent une source significative de déchets agricoles, de tels sous-produits correspondants à cette perte sont pourtant susceptibles de présenter un intérêt économique non négligeable. Par conséquent, il s'avère important de valoriser de tels déchets. A cet effet, nous nous sommes intéressés à élaborer un adsorbant activé par voies chimique et physique à partir de coquilles de noyaux d'abricots. La transformation de ces coquilles, nous permet d'une part de les éliminer et d'autre part d'optimiser le rendement et le coût de la préparation, et enfin de valoriser ce déchet dans l'élimination des métaux lourds et des colorants des effluents industriels par la technique d'adsorption en mode batch.

Le chapitre I portera sur une synthèse bibliographique où nous détaillerons la pollution de l'environnement en général et la pollution par les métaux lourds et les colorants, dont en particulier, le cobalt et le bleu de Coomassie. Le phénomène d'adsorption et les adsorbants sera développé dans le chapitre II. Le chapitre III sera consacré à la partie expérimentale où nous développerons les techniques de caractérisation et le protocole de préparation de l'adsorbant à partir des coquilles de noyaux d'abricots. Dans le chapitre IV nous discuterons les résultats relatifs à l'adsorption du cobalt et du bleu de Coomassie sur l'adsorbant préparé. Nous terminerons notre travail par une conclusion générale.

Références bibliographiques
(Introduction générale)

[1] S. Hammami, Etude de dégradation des colorants de textile par les procédés d'oxydation avancée. Application à la dépollution des rejets industriels. Thèse de Doctorat de l'Université Paris-Est et Tunis El Manar **(2008)**.

[2] Journal Officiel de la République Algérienne. Décret exécutif n 93-160 **(2009)** portant sur les rejets. (Tout déversement, écoulement, jets, dépôts directs ou indirects d'effluents liquides industriels dans l'environnement).

[3] V. K Gupta, A. Mettal, L. Krishan, J. Mittal, Adsorption treatment and recovery of the hazardous dye brilliant blue FCF, over botton ash and deoilerd soya. Journal of Colloidal and Interface Science V 293 **(2006)** 16-26.

[4] B. Benguella, Valorisation des argiles Algériennes application à l'adsorption des colorants textiles en solution. Thèse de Doctorat de l'Université de Tlemcen **(2009)**.

[5] G. Grini, non conventional Low Cost Adsorbent for dye removal, V 97 **(2006)** 1061-1085.

[6] F. Rozada, L.F. Calvo, A.I. Garcia, I. Martin J. Villacorta, M. Otero, Dye adsorption by sewage sludge based activated carbon in batch and fixed bed system. Bioresource Technology V 87 **(2003)** 221-230.

[7] B. Benguella and A. Yacouta Nour, Adsorption of Benzanyl red and Nylomine Green from aqueous solutions by Acid Activated Bentonite. Desalination V 235 **(2009)** 276-292.

[8] R.L Tseng, R-S Juang, Liquid-phase adsorption of dyes and phenols using pinewood based activated carbons. Carbon V 41, Issue 3, **(2003)** 487-495.

[9] Hu. Zhongha, M.P Srinivasan, Mesoporous high-surface-area activated carbon. Microporous and Mesoporous Materials V 43, Issue 3, **(2001)** 267-275.

[10] A. Ayůn, S. Yenisoy-Karakaş, I. Duman, Production of granular activated carbon from fruit stones and nutshells and evaluation of their physical, chemical and adsorption properties Microporous and Mesoporous Materials V66, Issues 2-3, **(2003)** 189-195.

[11] F. Suarez - Garcia, A. Martinez-Alonso, J. M Tascon. Porous texture of activated carbons prepared by phosphoric acid activation of apple pulp, Carbon. V 39 **(2001)** 1111-1115.

[12] M. Molina - Sabio, F. Rodriguez-Reinoso, Role of chemical activation in the development of carbon porosity Colloidal Surface A V 241, Issues 1-3, **(2004)** 15-25

[13] M. Belhachemi, F. Addoun, Adsorption en milieux aqueux de deux colorants sur charbons actifs a base de noyaux de datte. J. Soci. Algérienne de Chimie V 16 (1) **(2006)** 61.

[14] N. Bouchenafa, P. Grange, P. Verhasselt, F. Addoun, V. Dubois, Effect of oxidant treatment of date pit active carbons used as Pd supports in catalytic hydrogenation of nitrobenzene Applied Catalysis A V 286, Issue 2, **(2005)** 167-174.

[15] Z. Yue, C.L. Mangun, Preparation of fibrous porous materials by chemical activation: $ZnCl_2$ activation of polymer-coated fibers. Carbon V40, Issue 8, **(2002)** 1181-1191.

[16] P. Ehrburger, A. Addoun, F. Addoun, J.B. Donnet, Carbonization of coals in the presence of alkaline hydroxides and carbonates: Formation of activated carbons fuel V 65, Issue 10, **(1986)** 1447-1449.

[17] F. A Batzias, D. K Sidiras, Simulation of dye adsorption by beech sawdust as affected by pH. Journal of Hazardouz Materials V 141 **(2007)** 668-679.

[18] Source: Our Calcul, FAO STAT Base des données Fournies par la FAO **(2007)**, L'organisation des Nations Unies pour l'Agriculture et l'Alimentation.

PARTIE THEORIQUE

CHAPITRE. I

GENERALITES SUR LES POLLUANTS

Introduction

Actuellement, les chercheurs œuvrent pour trouver des solutions à la pollution. Afin de contribuer à cette œuvre, nous avons préparé un adsorbant à base de noyaux d'abricots. Cet adsorbant sera utilisé pour éliminer les colorants et les métaux lourds se trouvant dans les eaux de rejet. Nous nous sommes intéressés à deux types de polluants qui sont : un métal lourd « *le cobalt* » et un colorant « *le bleu de Coomassie* ».

I. LES METAUX LOURDS

La définition du métal lourd diffère d'une discipline scientifique à l'autre [1]. Les géologues désignent par métaux lourds, les éléments présents à l'état de trace dans l'environnement, dont les plus courants sont : arsenic, argent, bore, cadmium, cobalt, chrome, cuivre, mercure, manganèse, nickel, plomb, étain, vanadium et zinc [2]. La présence de ces éléments, en faibles quantités est nécessaire à l'équilibre des systèmes vivants, néanmoins, leur accumulation peut devenir toxique pour les organismes vivants. Selon un point de vue physique, le terme métal lourd se rapporte aux éléments de masse volumique supérieure à 5 $g.cm^{-3}$. Ils possèdent des propriétés chimiques variables et possèdent le pouvoir de former des composés pratiquement insolubles avec les sulfures aux pH légèrement acides [3].

I.1. Sources de pollution par les métaux lourds

La pollution par les métaux lourds a pour sources deux origines : la première est naturelle tandis que la seconde est dédiée aux activités humaines.

I.1.1. Sources naturelles

La croûte terrestre est constituée de roches, dont 95 % sont volcaniques et 5 % sont sédimentaires [6]. Les concentrations en métaux dans divers types de sols, peuvent varier d'un facteur de 1000. La teneur en éléments essentiels (Cu, Co et Zn) est généralement faible pour les sols provenant de l'érosion des roches volcaniques acides, comparée aux sols issus de roches sédimentaires. La redistribution des éléments résulte des phénomènes géophysiques d'érosion, de lessivage, ou des activités chimiques et biologiques de solubilisation, de précipitation ou de complexation. Il existe des sources naturelles importantes, telles que l'activité volcanique et les feux de forêts, la contribution des volcans peut se présenter sous forme d'émission volumineuse due à une activité explosive, ou d'émission continue de faible volume, résultant notamment de l'activité géothermique et du dégazage du magma. Généralement, le mercure atmosphérique provient du dégazage des terres et des océans. Notons que les métaux lourds étant toxiques, il est important de connaitre leur impact sur l'environnement.

I.1.2. Activités humaines

Les activités humaines et le développement industriel qui s'en est suivi à partir du 19ème siècle n'ont pas été tout à fait inoffensifs à l'environnement. En effet, cet essor industriel a généré au fil de son avancement des déchets de plus en plus dangereux aux milieux naturel, dont principalement les eaux usées. Celles-ci sont classées en trois grandes catégories : les eaux usées domestiques, les eaux usées industrielles et les eaux de ruissellement par temps de pluies. Les eaux résiduaires industrielles (ERI) se différencient selon l'usine dont elles proviennent et sont classées en quatre grandes catégories [4, 5]:

- Les effluents issus du procédé de fabrication industriel.
- Les eaux des circuits de refroidissement.
- Les rejets des services généraux.
- Les rejets occasionnels.

Les métaux lourds, dans le milieu aquatique, proviennent principalement de ces eaux, soit du fait de déversements effectués directement dans les écosystèmes marins et dans les eaux douces, soit d'un cheminement indirect comme dans le cas des décharges sèches et humides et du ruissellement agricole.

a) *Les sources anthropogènes* : Les sources anthropogènes sont les suivantes:
- Les effluents domestiques et ruissellements des eaux de pluie en région urbaine.
- Les effluents d'extractions minières et industriels.
- Les activités pétrochimiques.
- Les métaux provenant de décharges d'ordures ménagères et de résidus solides.
- Les apports de métaux provenant de zones rurales où les pesticides.

b) *Les sources atmosphériques* : Les sources atmosphériques proviennent de :
- La combustion de carburants fossiles.
- Les déchets industriels.

Les industries qui rejettent des quantités importantes de métaux lourds dans les effluents et l'atmosphère [6] sont les suivantes :
- Les industries d'extraction minières.
- Les fonderies (broyage, filtration, lavage et raffinage).
- Les usines d'incinération ou de traitement de déchets.
- Les industries de transformation utilisant les métaux telles que la métallurgie, la tannerie et la chimie…
- Les activités de combustion des énergies fossiles (centrales thermiques, industrie automobile…)

Toutes ces activités interviennent sur des échelles restreintes en temps et en espace ce qui produit des concentrations élevées en polluant, engendrant des perturbations des écosystèmes et de la chaîne alimentaire [7]. Chaque année, le secteur agricole utilise aussi des tonnes de métaux lourds comme micro-nutriments (Zn, Mn, Fe, Co, Cu et Mo) ou dans les engrais phosphatés (Zn, Cd, Cu, Ni, Pb et Cr). Alors que les métaux Cu, As, Pb, Hg et Zn entrent dans la fabrication des pesticides. La pollution des eaux par les métaux lourds est causée d'une manière très marquée par l'épandage des boues résiduelles des stations d'épuration d'effluents domestiques ou industriels, ainsi que par les phénomènes de corrosion.

Dans certains pays africains, les activités minières sont la cause principale de la présence de métaux lourds dans l'environnement, citons par exemple le mercure en Algérie, l'arsenic en Namibie et en Afrique du Sud, l'étain au Nigéria et au Zaïre et le cuivre en Zambie. Le tableau I.1 regroupe quelques exemples de sources industrielles et agricoles produisant des métaux présents dans l'environnement [8].

Tableau I.1: Sources industrielles et agricoles des métaux présents dans l'environnement

Utilisations	Métaux
Batteries et appareils électriques	Cd, Hg, Pb, Zn, Mn, Ni, Co
Pigments et peintures	Ti, Cd, Hg, Pb, Zn, Mn, Sn, Cr, Al, As, Cu, Fe, Co
Alliages et soudures	Cd, As, Pb, Zn, Mn, Sn, Ni, Cu, Co
Biocides (pesticides et conservateurs)	As, Hg, Pb, Cu, Sn, Zn, Mn
Catalyseurs	Ni, Hg, Pb, Cu, Sn, Co
Verre	As, Sn, Mn, Co
Engrais	Cd, Hg, Pb, Al, As, Cr, Cu, Mn, Ni, Zn
Matières plastiques	Cd, Sn, Pb
Produits dentaires et cosmétiques	Sn, Hg
Textiles	Cr, Fe, Al
Raffineries	Ni, V, Pb, Fe, Mn, Zn
Carburants	Ni, Hg, Cu, Fe, Mn, Pb, Cd

I.2. Formes et normes des métaux lourds dans les eaux

I.2.1. Formes des métaux dans les eaux

Les métaux lourds font partie des substances polluantes minérales non biodégradables. Ils sont souvent la cause de défaillance des systèmes d'épuration biologique, destinés à réduire la pollution organique. Deux types d'effluents peuvent être distingués [3]:

a) *Les eaux usées industrielles*

Les eaux de traitement de surface contiennent en général un nombre limité de métaux, mais à des concentrations élevées pouvant aller jusqu'à plusieurs grammes par litre.

b) *Les eaux usées domestiques*

Les eaux usées ont une composition complexe et variable dans le temps. La présence de matières organiques interférant et réagissant avec les métaux lourds peut rendre leur élimination, par certaines méthodes, difficile et coûteuse. L'élimination des métaux est malaisée car ils peuvent se présenter dans les eaux sous forme colloïdale, soluble et en suspension [9].

I.2.2. Normes de rejet des métaux lourds

L'établissement de normes concernant les concentrations en métaux lourds dans les effluents industriels se heurte à de nombreux problèmes d'évaluation tels que : la méconnaissance des seuils de toxicité, la difficulté de dosage des éléments toxiques et de leurs diverses espèces chimiques, l'unité de mesure (concentration, volume....). Il serait plus judicieux de considérer l'impact des rejets et non l'effluent lui-même. Cet impact est fonction du volume, du débit des cours d'eau récepteurs, du nombre, de l'importance des rejets et des fluctuations temporelles de ces paramètres.

A cet effet, l'Organisation Mondiale de la Santé (O.M.S) [10] a adopté un texte recommandant des concentrations maximales admissibles dans les effluents des industries de traitement de surface, et applicable à la plupart des industries du monde entier, rejetant des métaux toxiques. Le tableau (I.2) résume les valeurs des teneurs limites de quelques métaux lourds dans les eaux industrielles [11].

Tableau I.2: Normes de rejet des métaux lourds dans les eaux industrielles

Métal	Cd	Cr	Hg	Ni	Pb	Zn	Co
Seuil (mg.L^{-1})	0.2	3.0	0.01	5.0	1.0	5.0	0.1

L'Algérie a par ailleurs promulgué un décret le 10 juillet 1993 [12] concernant les concentrations en métaux des eaux de rejet des installations industrielles (Tableau I.3).

Tableau I.3: Normes de rejet d'effluent en Algérie [12]

Métal	Al	Cd	Cr^{+3}	Cr^{+4}	Fe	Mg	Hg	Ni	Ni	Cu	Zn
Seuil (mg.L^{-1})	5	0.2	0.3	0.1	5	1	0.01	5	5	3	5

Enfin, l'OMS a aussi fixé des seuils pour les métaux dans les eaux destinées à la consommation [10]. Une eau considérée comme potable doit répondre aux normes rassemblées dans le tableau I.4 suivant :

Tableau I.4: Teneurs limites des métaux lourds dans l'eau potable

Métal	Cr	Cd	As	Cu	Hg	Ni	Pb	Se	Zn
Seuil (μg.L^{-1})	50	5.0	50	100	1.0	50	50	10	100

I.3. Synthèse bibliographique sur l'élément Cobalt

I.3.1. Caractéristiques physico-chimiques

Le cobalt est un élément chimique de symbole Co, de nature métallique, son nom dérive de Kobolt. Il fut découvert par le chimiste suédois George Brandt vers 1735. Dans le tableau périodique des éléments, le cobalt est l'élément chimique de numéro atomique 27 et de nombre de masse 59. Il figure dans la 4ème période, entre le fer et le nickel avec lesquels il forme la première triade du groupe VIII$_A$ des éléments de transition, il est malléable et ductile [13] et sa masse atomique est de 58.933 g.mol^{-1}.

Le cobalt est insoluble aussi bien dans l'eau froide que dans l'eau chaude. La concentration du cobalt est comprise entre 0.4 à 2 μg.m^{-3} dans l'air, 0.1 à 5 μg.L^{-1} dans les milieux aquatiques et 0.5 μg.L^{-1} dans le sang.

Il faut noter que la présence de polluants organiques dans les milieux aquatiques modifie la distribution spatiale des composés du cobalt. En effet, les quantités de cobalt adsorbées sur les sédiments diminuent comparées à celles du cobalt dissous et du cobalt précipité quand la concentration en matière organique augmente.

I.3.2. Effets du cobalt

I.3.2.1. Effets du cobalt sur la santé

Le cobalt est omniprésent dans l'environnement; lorsqu'il n'est pas lié au sol ou à des sédiments, son accumulation est plus marquée dans les plantes et les animaux, suite à une consommation plus importante. Le cobalt est un des composants essentiels dans la vitamine B12 et le sérum. Son apport alimentaire via la consommation d'eau est compris entre 10 et 15 mg de sulfate de cobalt par jour, ce qui est bien inférieure aux doses thérapeutiques utilisées qui sont de 300 mg par jour sans effet toxique.

Le cobalt est prescrit pour le traitement de l'anémie chez les femmes enceintes, il stimule la production de globules rouges. La prise de doses moyennes présente une action toxique limitée, par contre à des doses plus élevées, des symptômes de toxicité sont observés tels que les nausées, les vomissements, les problèmes de vision, les problèmes cardiaques et la détérioration de la glande thyroïde.

Les problèmes pulmonaires tels que l'asthme ou la pneumonie peuvent être engendrés par inhalation de l'air contenant une concentration importante en cobalt. Ce type de problèmes se produit essentiellement chez les personnes en contact avec du cobalt dans leur travail.

Les radiations du cobalt radioactif sont parfois utilisées dans le traitement de certains cancers. Néanmoins, les radiations de l'isotope provoquent la stérilité, la chute des cheveux, des vomissements, des saignements et des diarrhées.

I.3.2.2. Impact du cobalt sur l'environnement

La présence du cobalt dans l'environnement, fait que l'homme peut l'absorber par inhalation de l'air, par absorption de l'eau ou d'aliments le contenant. Il peut également se retrouver dans l'organisme par ingestion ou inhalation. En fait, l'homme est continuellement exposé au métal cobalt mais à des teneurs variables.

Les poussières soufflées par le vent peuvent se retrouver dans l'air et l'eau et se déposer sur le sol. Le ruissellement des eaux de pluie à travers la terre et les roches contenant ce métal peut l'apporter dans les eaux de surface. De faibles quantités de cobalt sont rejetées dans l'atmosphère lors de la combustion du charbon et de l'exploitation minière de minerais contenant du cobalt et, lors de la production et de l'utilisation de produits chimiques à base de cobalt.

Les isotopes radioactifs du cobalt ne sont pas présents dans l'environnement, mais ils sont rejetés lors d'opérations dans les centrales nucléaires et lors des accidents nucléaires. Étant donné qu'ils ont des temps de demi-vie relativement courts, ils ne sont donc pas particulièrement dangereux. Le cobalt n'est pas détruit une fois qu'il a pénétré dans l'environnement. Il peut réagir avec d'autres particules ou s'adsorber sur les particules du sol ou sur les sédiments dans l'eau où la majorité du métal se retrouve.

Les plantes qui poussent sur des sols contenant très peu de cobalt peuvent avoir une déficience en cobalt. Les animaux qui broutent l'herbe poussant sur ce type de sols peuvent également souffrir du manque de ce métal qui leur est essentiel.

Les sols près des exploitations minières et des installations de fonte peuvent contenir de grandes quantités de cobalt et la consommation des plantes par les animaux peut avoir des effets nocifs sur leur santé. Ce métal s'accumule dans les plantes et dans le corps des animaux qui les consomment et leur absorption peuvent générer des malaises. En général, les fruits, les légumes, les poissons et les autres animaux que nous mangeons, ne contiennent pas de quantités importantes de cobalt.

Du fait de l'écotoxicité et la toxicité prouvée pour l'homme de l'élément Cobalt, plusieurs travaux ont concerné son élimination des milieux aqueux. Par exemple, Jmili et al. [14] proposent dans leur travail de mettre au point une technique pour le dosage de la vitamine B12 en se basant sur l'analyse de l'élément minéral d'une molécule qui est le cobalt. Dans un premier temps, une technique pour l'analyse du cobalt par spectrométrie d'absorption atomique avec four en graphite est développée. L'étalonnage est réalisé par des dilutions d'une solution standard de cobalt de 1000 mg.L^{-1} fourni par la compagnie « Merck ». La courbe d'étalonnage est linéaire entre 10 et 150 µg.L^{-1} ($R^2 = 0.98$), la limite de détection LD est de l'ordre de 6.8 µg.L^{-1}. Les mêmes critères de validation ont été étudiés en milieu sérique selon un protocole similaire. Dans un second temps, cette procédure d'analyse a été appliquée au dosage de la vitamine B12 dans les médicaments (ampoules injectables) et dans le sérum. Le recouvrement est de 98.5 % pour les médicaments. Toutefois, la comparaison entre les résultats obtenus par la méthode proposée en milieu sérique et ceux de la méthode immunologique que l'on peut considérer comme méthode de référence est peu satisfaisante.

Din et al. [15] ont étudié dans leur travail de recherche, une biomasse à faible coût provenant de la pulpe de Saccharum Bengalense (SB) a été utilisée en tant que matériau adsorbant/biosorbant pour l'élimination des ions Co^{2+} en solution aqueuse. Les isothermes d'absorption ont été modélisées par les modèles de Langmuir, Freundlich, Temkin et Dubinin-Radushkevich (DR) pour déterminer le mécanisme de sorption et par comparaison des différents modèles appliqués pour les isothermes d'adsorption. Il a été observé que la biosorption du Co^{2+} par SB suit les modèles de Langmuir et Freundlich. La capacité d'adsorption de cobalt sur le SB était q_{max} (14.7 mg.g^{-1}) à 323 K. Une comparaison des modèles cinétiques appliqués à l'adsorption de Co^{2+} sur SB a été effectuée pour la cinétique de : pseudo-second ordre, pseudo-premier ordre, Elovich, diffusion intraparticulaire et les modèles cinétiques de Bangham, Il a été constaté que le modèle de pseudo-second ordre est prédominant. L'énergie d'activation, les paramètres thermodynamique évalués et les paramètres cinétiques tels que la variation de l'énergie libre, l'enthalpie et l'entropie a révélé la nature spontanée, endothermique et la faisabilité du processus d'adsorption. Les résultats de la présente étude ont suggéré que la biomasse SB peut être utilisée comme un adsorbant de faible coût et efficace pour l'élimination des effluents industriels tels que les ions cobalt Co^{2+} contenus dans des solutions aqueuses. Demirbaş [16] a préparé un charbon actif à base de coquilles de noisettes pour éliminer les ions Co^{2+} de la solution aqueuse par adsorption. Les tests d'adsorption en mode batch ont été réalisés, des paramètres tels que la concentration initiale en ions métal (13.30 à 45.55 mg.L^{-1}), la vitesse d'agitation (50 à 200 trs.min^{-1}), le pH (2-8), la température (293 à 323 K) et la taille des particules (0.80 à 1.60 mm) ont été optimisés. La cinétique d'adsorption des ions Co^{2+}, suivie de l'équation de pseudo-second ordre, étant dépendante du pH puisque le taux d'élimination augmente avec la valeur du pH de la solution. Les données de l'adsorption obéissent à l'isotherme de Langmuir. La capacité d'adsorption maximale (q_{max}) calculée à partir du modèle de Langmuir était de 13.88 mg.g^{-1} à 303 K en utilisant un pH de 6 et une taille de 1.00 à 1.20 mm. Les paramètres thermodynamiques calculés pour le processus d'adsorption ont révélé que l'adsorption des ions Co^{2+} est de nature endothermique. Abd Al-Jlil et al. [17] ont utilisé les noyaux de dattes de la région d'Al-Qassim (Arabie Saoudite) ont été recueillies, grillées et caractérisés pour l'adsorption des ions cobalt provenant des eaux de rejet. En outre, l'effet du pH de la solution et différentes températures sur l'adsorption des ions cobalt sur les noyaux de dattes torréfiés ont été étudiés. Les essais d'adsorptions montrent que la capacité d'adsorption diminue avec l'augmentation de la température. Les modèles de Langmuir, Freundlich, Redlich-Peterson et Thoth on été appliqués. Ils ont constaté que les modèles de Langmuir et Redlich-Peterson ont expliqué rigoureusement les données expérimentales à des températures différentes. La capacité d'adsorption maximale moyenne de noyaux de dattes pour les ions Co^{2+} est de

6.28 mg.g^{-1} à 20 °C et de 4.11 mg.g^{-1} à 80 °C. Dans l'ensemble, les phénomènes d'adsorption des ions Co^{2+} est un procédé exothermique et non spontané. Ghaedi et al. [18] ont travaillé avec le trichoderma reesei (T.reesi) comme un adsorbant dans la technique d'élimination des métaux lourds Co^{2+}, Cu^{2+}, Ni^{2+}, Pb^{2+} et Zn^{2+}. L'influence des facteurs: pH, masse de la biomasse, temps de contact et la température sur l'efficacité d'adsorption a été optimisée. Pour déterminer les paramètres de l'isotherme d'adsorption de ces différents ions dans des conditions optimisées, les données expérimentales d'équilibre suivent les modèles de Langmuir et Freundlich. Les paramètres thermodynamiques calculés, DG8, DH8 et DS8 ont montré que l'adsorption des ions étudiés sur la biomasse T. reesei était possible. La réaction d'adsorption, est endothermique et spontanée dans les conditions optimisées. Les résultats de l'étude cinétique a montré que l'adsorption des ions métalliques sélectionnés sur la biomasse T. reesei obéit à la cinétique de pseudo second ordre.

Tableau I.5: Résultats de la modélisation des isothermes d'adsorption [18].

Métal	Modèle de Langmuir			Modèle de Freundlich			Modèle de Temkin		
	q_m (mg.g^{-1})	K_L (mg.L^{-1})	R^2	N (g.L^{-1})	K_F (mg.g^{-1})	R^2	B_1	K_T	R^2
Pb^{2+}	82.645	0.2153	0.996	3.52	22.79	0.9945	8.51	47.09	0.882
Cu^{2+}	80.645	0.1627	0.993	3.11	18.86	0.9842	9.67	15.20	0.924
Co^{2+}	80.645	0.1588	0.992	3.17	19.10	0.9891	9.39	17.38	0.913
Ni^{2+}	70.922	0.1331	0.993	3.08	15.59	0.9793	8.92	9.850	0.947
Zn^{2+}	74.074	0.1296	0.994	3.08	16.10	0.9905	8.92	11.90	0.889

Sulaymon et al. [19] ont étudié la rétention des ions de métaux lourds qui sont des polluants toxiques. La contamination de l'eau par ces métaux est un problème environnemental mondial. L'isotherme d'adsorption des ions de métaux lourds Pb^{2+}, Cr^{3+}, Co^{2+} et Cu^{2+} en solution aqueuse sur le charbon actif granulaire (fourni par la compagnie Sigma-Aldrich.Com Royaume-Uni) a été étudiée. Les résultats montrent que le charbon actif peut être utilisé en tant qu'adsorbant pour l'élimination des métaux lourds et la quantité d'ions métalliques adsorbée augmente dans le même sens que la concentration initiale en ions métal. Six modèles d'isothermes d'adsorption ont été utilisés pour interpréter les données expérimentales. Les modeles de Radk-Prausnitz,

Langmuir, Redlich-Peterson et Sips ont donné le meilleur ajustement avec un coefficient de corrélation R^2 moyen (R^2_{moy} : 0.993). Il est suivi par R^2 de Freundlich (R^2_{moy} : 0.971) et Temkin isotherme (R^2_{moy} : 0.937). Les valeurs des capacités q_{max} (mg.g^{-1}) adsorbées pour les ions (Pb^{2+}, Cr^{3+}, Co^{2+} et Cu^{2+}) sont respectivement (13.33, 5.84, 2.793, 1.193 mg.g^{-1}). La modélisation de la cinétique d'adsorption de ces ions métalliques à l'aide des différents modèles montrent que la le modèle cinétique du pseudo-second ordre d'écrit parfaitement les résultats expérimentaux.

Tableau I.6: Paramètres de la modélisation des isothermes par différents modèles [19].

Isotherme	Paramètres	Pb^{2+}	Cu^{2+}	Cr^{3+}	Co^{2+}
Langmuir	q_{max} K_L R^2	13.333 0.312 0.996	5.845 0.710 0.999	2.793 1.144 0.999	1.193 1.105 0.978
Freundlich	K_F $1/n$ R^2	3.199 0.413 0.967	3.199 0.413 0.967	1.503 0.172 0.974	0.279 0.310 0.966
Redlich-Paterson	A B g_R R^2	14.10 2.809 0.751 0.993	11.5 2.18 1.00 0.984	3.80 1.419 1.000 0.997	0.310 0.310 0.999 0.978
Sips	q_{max} B $1/n$ R^2	**14.496** 0.313 0.77 0.993	**6.21** 0.994 0.600 0.991	**0.217** 1.461 0.810 0.998	**1.295** 0.172 0.740 0.979
Temkin	K_T b_T R^2	2.056 1.226 0.951	7.412 5.197 0.884	7.847 10.951 0.950	1.154 13.152 0.960
Radk-Pransnitz	q_{max} K_{RP} A R^2	**8.162** 0.674 0.87 0.998	**4.821** 1.318 0.967 0.999	**1.922** 3.556 0.930 0.999	**0.184** 8.123 0.730 0.988

Caramalău et al. [20] ont étudié le comportement de l'adsorption de Co^{2+}, à partir des solutions aqueuses traitée et non traitée sur la tourbe. Les traitements supposent le mélange de mousse de tourbe en solution aqueuse 0.2 mol.L^{-1} de NaOH et de HNO$_3$, respectivement. L'influence du pH initial de la solution, la dose de mousse de tourbe, la concentration initiale de Co^{2+} et le temps de contact a été étudié dans des expériences de traitement par lots. Les meilleurs résultats ont été obtenus à pH 6.0 (tampon acétate), une dose d'adsorbant de 5 g.L^{-1} et une concentration initiale de 240 mg.L^{-1} en Co^{2+}.

Les résultats expérimentaux ont montré que dans le cas de la tourbe de sphaigne traitée avec NaOH, l'augmentation de la capacité d'adsorption est de 15 % et le temps de contact nécessaire pour atteindre l'équilibre présente une diminution de 15 min. Dans le cas de la mousse de sphaigne traitée avec HNO_3, la capacité d'adsorption diminue lentement et le temps de contact nécessaire pour atteindre l'équilibre a la même valeur que celle observée pour la tourbe non-traitée. L'isotherme d'adsorption du Co^{2+} sur la tourbe non traitée et traitée a été testée avec le modèle Langmuir. Ce modèle convient mieux pour la description des résultats expérimentaux et les constantes du modèle ont été déduites.

Tableau I.7: Résultats de la modélisation des isothermes [20].

Paramètres	Mousse de tourbe non traitée	Mousse de tourbe traitée avec HNO_3	Mousse de tourbe traitée avec NaOH
R^2	0.9874	0.9980	0.9807
q_{max} (mg.g^{-1})	30.03	21.51	35.21
K_L (L.mg^{-1})	0.2220	0.2802	0.1451
ΔG (kJ.mol^{-1})	-23.05	-23.63	-22.02

II. LES COLORANTS

Différentes industries utilisent les colorants synthétiques pour teindre leurs produits y compris l'industrie textile. Dans le procédé de teinture, l'industrie textile utilise environ 1 m^3 d'eau pour le traitement d'une tonne de textile. L'utilisation intensive des colorants a engendré des problèmes aussi bien dans l'environnement que dans l'alimentation [21]. Il est important de mentionner qu'en environnement, la pollution est due aux effluents des industries textiles, et qu'en alimentation, la toxicité est due à l'incorporation de plusieurs colorants synthétiques [22]. La présence de ces espèces dans l'eau, même à de faibles quantités, est très visible et indésirable. Leur présence dans les milieux aquatiques réduit la pénétration de la lumière et retarde ainsi l'activité photosynthétique. Par conséquent, la dépollution des eaux contaminées par ces composés chimiques s'avère nécessaire aussi bien pour la protection de l'environnement que pour une éventuelle réutilisation de ces eaux. De ce fait, plusieurs méthodes biologiques, physiques et chimiques ont été utilisées pour le traitement des effluents industriels textiles. Cependant, beaucoup de ces technologies sont coûteuses lorsqu'elles sont appliquées aux effluents à haut débit. Par conséquent, la technique d'adsorption semble être bien adaptée à cette industrie étant donné son efficacité prouvée dans l'élimination de polluants organiques et également, pour sa simplicité. L'adsorbant le plus largement utilisé est le charbon actif. Cependant, son coût onéreux a incité les chercheurs à développer de nouveaux matériaux adsorbants à partir de déchets agricoles ou autres en raison de leur disponibilité et de leurs faibles coûts [23-25].

II.1. Généralités sur les colorants

Les colorants sont des composés organiques de structure complexe, ils sont largement utilisés dans différents domaines tels que les industries du textile, du caoutchouc, de la céramique et de l'alimentation. Toutefois, l'utilisation intensive ou anarchique de ces colorants a engendré une pollution très marquée dans les eaux de rejet. Nous détaillerons la structure de quelques colorants qui sont utilisés dans l'industrie textile.

II.1.1. Synthèse bibliographique sur la chimie des colorants

De tout temps, l'homme a utilisé des colorants pour ses vêtements, pour sa nourriture et pour la décoration de son intérieur. Dés l'antiquité, il a su extraire les matières colorantes à partir de végétaux comme l'indigo et d'animaux comme le carmin extrait de la cochenille, ceci a permis le développement du commerce des colorants à cette époque. Les colorants naturels furent utilisés jusqu'à la première moitié du XIXème siècle. Ensuite, ils furent remplacés progressivement par des colorants synthétiques à base d'amines benzéniques (anilines, naphtylamine) qui conduisent à des réactions de diazotation et de copulation [26]. Les colorants sont fabriqués en grande quantité, par exemple, la France a produit 46 500 tonnes de colorants en 1988. La couleur résulte d'une part, de l'interaction entre le rayonnement du spectre visible et de la matière, et d'autre part elle est le complément de la radiation absorbée. Autrement dit, la couleur observée résulte de la superposition des radiations non absorbées, se traduisant par des transitions d'électrons des orbitales moléculaires de l'état fondamental vers celles de l'état excité. La coloration d'une substance est due à sa structure conjuguée et à ses insaturations qui lui confère le caractère chromophore.

Les groupements tels que C=C, C=O, N=N, N=O, C=S.... et les cycles aromatiques sont des chromophores. Ce qui donc, donne aux colorants, une structure assez complexe. Ces chromophores possèdent souvent des auxochromes tels que OH, NH$_2$, ... pouvant modifier la fréquence d'adsorption des chromophores.

Les matières colorantes ont la capacité d'absorber les rayonnements lumineux dans le domaine du visible (400 à 800 nm). D'après Witt (1876), la transformation de la lumière blanche en lumière colorée par réflexion sur un corps, ou par transmission ou diffusion, résulte de l'absorption sélective d'énergie par les chromophores, la molécule colorante étant le chromogène.

Plus la facilité du groupe chromophore à donner un électron est grande plus la couleur sera intense. Le tableau (I.8) regroupe les groupements chromophores et auxochromes.

Tableau I.8: Groupes chromophores et auxochromes classés par intensité croissante

Groupes chromophores		Groupes auxochromes	
Azo	(-N=N-)	Amino	(-NH$_2$)
Nitrozo	(-NO ou –N-OH)	Méthyl amino	(-NHCH$_3$)
Carbonyl	(=C=O)	Diméthyl amino	(-N(CH$_3$)$_2$)
Vinyl	(-C==C-)	Hydroxyl	(-OH)
Nitro	(-NO$_2$ ou =NO-OH)	Alkoxyl	(-OR)
Sulphure	(>C=S)	Groupes donneurs d'électrons	

La principale différence, entre les colorants, résulte de la combinaison des orbitales moléculaires. Les transitions possibles après absorption du rayonnement lumineux entre les niveaux d'énergie propres à chaque molécule sont responsables de la coloration. Des exemples de colorants sont illustrés par les figures (I.1 et I.2), qui montrent la différence de la structure moléculaire impliquant des couleurs différentes.

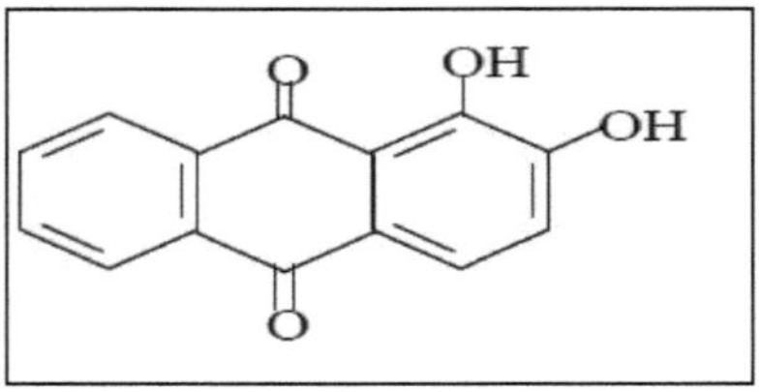

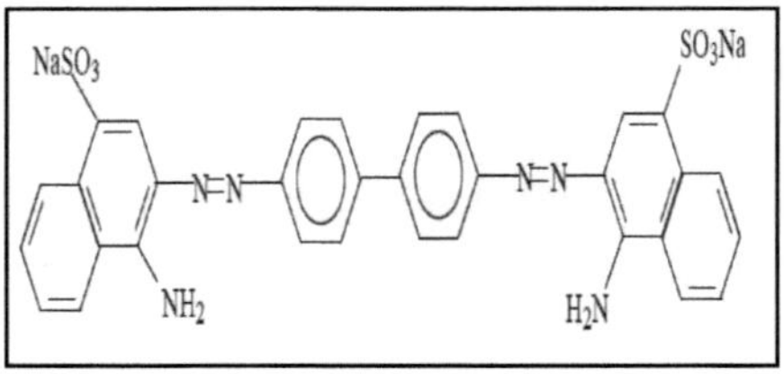

Figure I.1: Structure du colorant Alizarine   **Figure I.2:** Structure du rouge Congo

II.1.2. Différents types de colorants

Le premier colorant synthétique connu est la mauvéine, il a été réalisé par Perkin en 1856. Il a été utilisé pour teindre la soie et le coton, son succès a stimulé les scientifiques de l'époque à synthétiser d'autres colorants.

Ces derniers sont désignés par des noms de plantes ou de minerais dont on cite quelques exemples de chaque type :

- Plantes (amarante, fuchsine, garance, mauvéine …)
- Minerais (vert de malachite, auramine …)

Actuellement, les colorants sont répertoriés selon les critères suivants:

- La couleur et la marque commerciale
- Le procédé d'application
- Le code qui caractérise le colorant est composé de chiffres et de lettres, exemple (B = Bleuâtre, R = Rougeâtre et J = Jaunâtre).

Cette classification existe en détail dans la couleur indexe. En outre, les colorants qui sont particulièrement utilisés dans le textile, sont classés sous un nom de code indiquant leur classe, leur nuance ainsi qu'un numéro d'ordre (par exemple C.I. Acid Yellow 1).

D'une manière générale, les colorants peuvent être classés aussi selon :

- La constitution chimique : (colorants azoïques, anthra quinoniques, triaziniques).
- Le domaine d'applications qui est lié directement à l'intérêt porté par le fabricant pour les matières colorantes.

Dans cette étude, nous avons détaillé les colorants utilisés dans le textile et l'alimentation **[27, 28]**.

II.1.3. Classification des colorants

II.1.3.1. Colorants utilisés dans le textile

Dans l'industrie textile, les colorants utilisés sont de différents types. Le choix du colorant est dicté par le procédé de coloration et par les nuances de coloration souhaitées.

II.1.3.1.1. Colorants à mordant

Les colorants à mordant étant solubles nécessitent un traitement pour favoriser leur fixation sur les fibres textiles par l'intermédiaire d'oxydes de certains métaux (Al, Fe, Co et Cr). Le chrome est le métal le plus utilisé, et les colorants à mordant traité par le chrome sont appelés « *colorants chromatables* ». Ils forment aussi des complexes avec les ions métalliques par exemple par l'intermédiaire de groupes hydroxyles voisins. Un exemple de ce type de colorants « Colorant CI mordant Blue 9) est représenté dans la figure (I.3) où le CI indique l'Indexe Couleur.

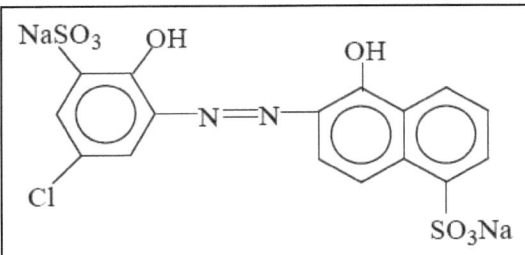

Figure I.3: Colorant C.I. mordant bleu 9

II.1.3.1.2. Colorants acides

Les colorants acides sont constitués de chromophores responsables de la coloration et de groupe sulfonâtes permettant leur solubilisation dans l'eau. Cette classe de colorants est importante pour les nuances. Les colorants acides permettent de teindre certaines fibres telles que les polyamides en bain acide. La figure (I.4) illustre un exemple du colorant acide.

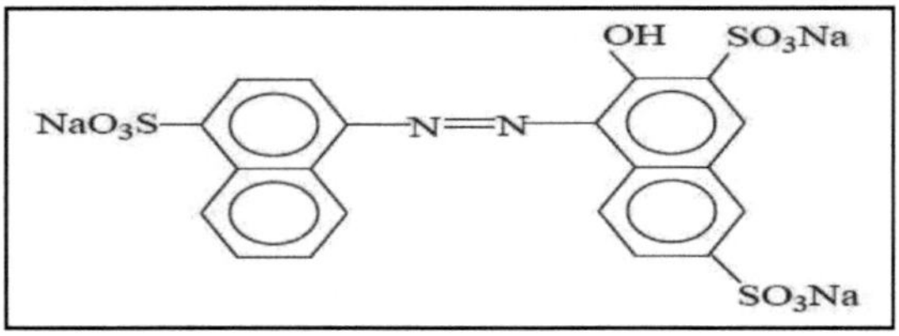

Figure I.4: Colorant C.I. Acid Red 27

II.1.3.1.3. Colorants directs

Les colorants directs sont solubles dans l'eau et présentent une grande affinité pour les fibres cellulosiques. Cette affinité est due à leur forme linéaire et à la coplanarité des noyaux aromatiques. Le colorant « rouge Congo » est capable de teindre directement le coton sans la participation d'aucun mordant. De plus, ils permettent d'obtenir une grande variété de coloris et sont d'une application aisée. Néanmoins, ils présentent une faible solubilité au mouillé. Un exemple de structure est donné dans la figure (I.5).

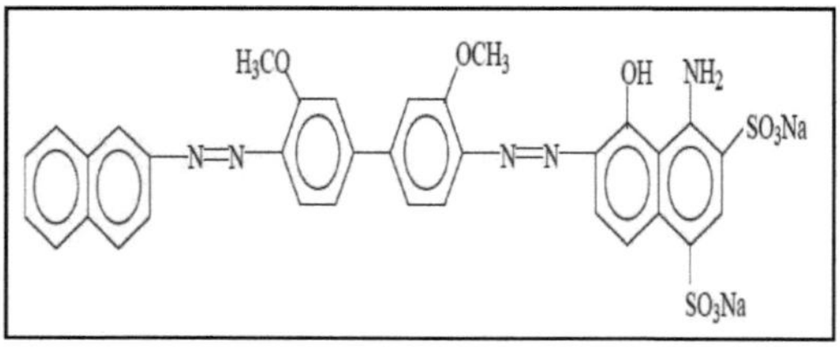

Figure I.5: Colorant C.I. Direct Blue 1

II.1.3.1.4. Colorants cationiques

Les colorants cationiques ou basiques sont caractérisés par une grande vivacité des teintes. Cependant, ils résistent mal à l'action de la lumière, et de ce fait, ils ne peuvent être utilisés pour la teinture des fibres naturelles. On note qu'avec les fibres synthétiques, par exemple, les fibres acryliques, ils donnent des coloris très résistants, un modèle de structure est représenté dans la figure (I.6).

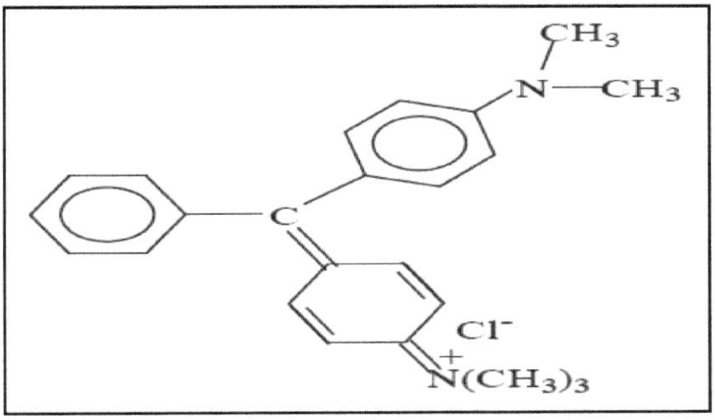

Figure I.6: Colorant C.I. Basic Green 4

II.1.3.1.5. Colorants azoïques insolubles

Les réactions de diazotation-copulation produisent les colorants azoïques. Sur les fibres cellulosiques, ces colorants permettent d'obtenir des nuances vives et résistantes. Un modèle de structure de ce colorant est illustré dans la figure (I.7).

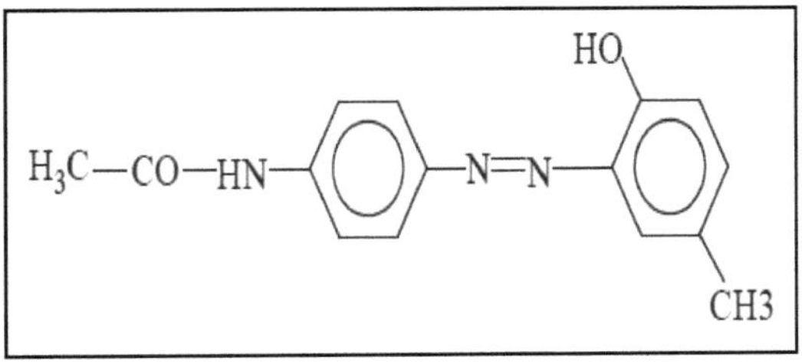

Figure I.7: Colorant C.I. Disperse Yellow 3

Les pigments sont des molécules insolubles dans l'eau, très utilisés dans la coloration des peintures et des matières plastiques. Cependant, ils ne présentent aucune affinité pour les fibres textiles. Etant donné cette caractéristique, les pigments nécessitent un liant pour pouvoir être fixés à la surface des fibres. Ils existent généralement soit, sous forme de produits minéraux (oxydes, sulfures, blanc de zinc) soit, sous forme de produits organiques. Un exemple de pigment synthétique possède la structure donnée par la figure (I.8)

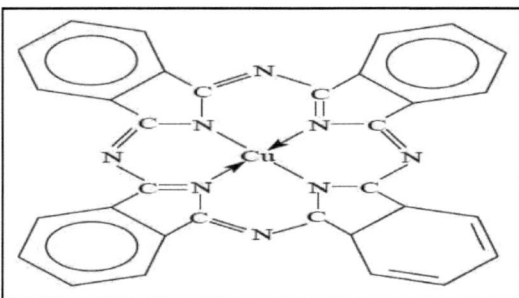

Figure I.8: Pigment synthétique

II.1.3.2. Colorants utilisés dans l'alimentation

Les colorants sont largement utilisés dans l'alimentation et particulièrement les azoïques. Malheureusement, ces colorants présentent des risques de toxicité pour l'homme. Cette toxicité a conduit les organisations internationales à contrôler leur utilisation et à les classifier.

Des efforts ont été consacrés dans le but d'établir une classification des différents colorants. La plus ancienne est l'Indexe Couleur version 1924 puis celle de Shültz en 1931 et enfin celle de 1957. Actuellement, les pays de la communauté européenne (CE) ont intégré les colorants dans la classification générale des additifs. Ils portent les numéros de 100 à 199 et sont précédés des deux lettres CE. Cette classification ne tient compte que des colorants utilisés actuellement où depuis peu de temps, leur utilisation touche les domaines tels que **[29]**:

- La confiserie.
- La pâtisserie.
- La siroperie.
- La limonaderie.
- La fromagerie.
- Les matières grasses telles que le beurre et la margarine

Les figures (I.9 et I.10) représentent les structures chimiques de deux variétés du colorant jaune (structure azoïque) utilisé dans les beurres et les margarines.

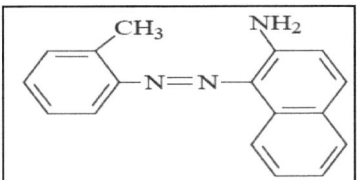

Figure I.9: Structure du Jaune AB   **Figure I.10:** Structure du Jaune OB

II.2. Toxicité des colorants

II.2.1. Ecotoxicité des effluents des industries textiles

Les effluents des industries textiles, chargés en colorants, peuvent être très nuisibles à la faune et à la flore des cours d'eau. Cette toxicité peut être attribuée à la diminution de l'oxygène dissous dans ces milieux.

De plus, leur très faible biodégradabilité, due à leur poids moléculaire élevé et à leurs structures complexes, confèrent à ces composés un fort caractère toxique. Ces colorants, peu biodégradables, peuvent demeurer longtemps dans ce milieu. Leur présence, en milieu aqueux, engendre d'importantes perturbations dans les différents mécanismes naturels existant dans la flore (pouvoir d'auto épuration des cours d'eau, inhibition de la croissance des végétaux aquatiques) et dans la faune (destruction d'une catégorie de poissons, de microorganismes…). On peut ainsi résumer l'écotoxicité des colorants dans les trois points suivants :

- *Eutrophisation*

Sous l'action des microorganismes, les colorants libèrent des nitrates et des phosphates dans le milieu naturel. Ces ions minéraux étant en excès peuvent devenir toxiques. Ils sont consommés par les plantes aquatiques ce qui conduit à leur prolifération anarchique, et provoque un appauvrissement en oxygène. Ce manque d'oxygène provoque l'inhibition de la photosynthèse dans les strates les plus profondes des cours d'eau et des eaux stagnantes.

- *Sous-oxygénation*

Lorsque des charges importantes de matières organiques sont apportées au milieu via des rejets ponctuels, les processus naturels de régulation ne peuvent plus compenser la consommation bactérienne d'oxygène. Manahan (1994) estime que la dégradation de 7 à 8 mg de matière organique par des micro-organismes suffit à consommer totalement l'oxygène contenu dans un litre d'eau.

- *Couleur, turbidité et odeur*

L'accumulation des matières organiques dans les cours d'eau induit l'apparition de goûts désagréables, de prolifération bactérienne, d'odeurs et de colorations anormales. Willmott et al. (1998) ont estimé qu'une coloration pouvait être perçue par l'œil humain à partir d'une concentration de 5.10^{-6} g.L^{-1}. Les agents colorants ont la capacité d'interférer avec la transmission de la lumière dans l'eau, empêchant la photosynthèse des plantes aquatiques.

Dans ces conditions, la dose létale (DL50) reste le meilleur paramètre pour évaluer les effets toxiques causés par ces déversements. Ainsi une DL50 signifie la mort de 50 % d'espèces animales testés expérimentalement [30]. Les algues peuvent être inhibés à 35 % ou stimulés à 65 % par les effluents textiles. Ces observations ont été faites sur des prélèvements effectués aux U.S.A [31].

- Le bleu de méthylène est toxique pour les algues et les petits crustacés pour les concentrations respectives de 0.1 et 2 mg.L^{-1}.
- Le bleu de Victoria, le violet de méthyle, le noir anthracite BT et le vert diamant sont très toxiques pour la faune et la flore à partir d'une concentration de 1 mg.L^{-1} [32].
- Les colorants cationiques (ou basiques) sont généralement très toxiques et résistent à toute oxydation. En effet, des études ont montré que :

Le colorant cationique (Sandocryl Orange) est très toxique pour les micro-organismes. En effet, après un temps de contact de 5 jours, le taux d'inhibition est de 96.5 %. Cependant, ce taux est plus faible avec le colorant acide.

Le lanasyn black (32.8 %) avec un autre colorant de cette même famille, le sandolan ont un taux d'inhibition pratiquement nul **[33]**.

Donc le traitement des effluents chargés en colorants s'avère indispensable pour la protection de l'environnement.

II.2.2. Toxicité des effluents des industries textiles

Si un organisme ne dispose pas de mécanismes spécifiques, soit pour empêcher la résorption d'une substance, soit pour l'éliminer une fois qu'elle est absorbée, alors cette substance s'accumule. Les espèces qui se trouvent à l'extrémité supérieure de la chaîne alimentaire, y compris l'homme, se retrouvent exposées à des teneurs en substances toxiques pouvant être multiplié par mille par rapport aux concentrations initiales dans l'eau **[29]**.

Si la majorité des colorants ne sont pas toxiques directement, leurs effets mutagène, tératogène ou cancérigène apparaissent après dégradation de la molécule initiale en sous-produits d'oxydation : amine cancérigène pour les azoïques d'après Brown et De Vito (1993) et leuco-dérivé pour les triphénylméthanes selon Culp et al. (2002).

II.2.3. Toxicité des colorants alimentaires

L'emploi des colorants dans l'industrie alimentaire, particulièrement les synthétiques, se pose depuis plus d'un siècle. Historiquement, l'usage de ses produits répondait à des considérations socio-psychologiques, l'homme a cherché toujours à se nourrir selon ses goûts et selon ses revenus. En fait, le premier objectif du producteur est le gain, ce qui l'a poussé à intégrer plusieurs colorants dans les divers procédés de fabrication des aliments pour attirer les clients. Mais, il est à signaler que l'utilisation irréfléchie a engendré des problèmes de santé chez l'être l'humain. Il faut noter que ces composés présentent une toxicité due à leur structure. Ces quelques exemples illustrent bien ce phénomène **[28]**:

- Lock (1959) a montré l'existence de réaction à la tartrazine, quelques années plus tard, Juhlin (1972) a relevé des cas d'asthme et d'éruptions cutanées.

29

- Gatelain (1977) a signalé des syndromes d'allergie digestive à la suite de la consommation d'aliments contenant ce colorant.

- Clément (1978) a montré que la colorante érythrosine utilisée en confiserie est un composé qui a provoqué beaucoup de cas d'allergie chez les enfants et les personnes sensibles.

- Le jaune AB et le jaune OB utilisés dans la coloration du beurre et de la margarine sont toxiques. Ils se manifestent par certains symptômes tels que : l'irritation du tube digestif, la diminution de la croissance et l'augmentation du poids des reins et du foie.

Les colorants cationiques peuvent également exercer des actions néfastes sur l'organisme humain, parmi lesquels nous pouvons citer :

- Le bleu de méthylène peut entraîner des cas d'anémie après une absorption prolongée.

- Les dérivés du triphénylméthane provoquent l'eczéma et des troubles gastriques.

- Une des plus graves conséquences de l'usage des colorants synthétiques est leur effet cancérigène suite à leur consommation répétée.

Ainsi beaucoup de ces composés dangereux ont été mis en évidence par des travaux après avoir été testés expérimentalement sur des animaux. Quelques exemples sont cités ci-dessus :

- Les colorants azoïques, le rouge écarlate, le soudan III, l'orange SS, le jaune AB, le jaune OB, le rouge ponceau, le soudan I et le rouge citrus

- Les dérivées du triphénylméthane tels que le vert lumière SF et le vert solide.

- Les dérivés du diphénylamine comme l'auramine et les dérivés de la phtaléine comme l'éosine, la fluoroscéine, la rhodamine B etc ...

   Il convient de mentionner que les techniques d'innocuité pratiquées sur les animaux ne permettent pas de détecter les prédispositions de certains colorants à provoquer des réactions allergiques ou d'autres effets toxiques, indépendamment des effets cancérigènes.

II.3. Méthodes d'élimination des colorants

Les colorants synthétiques organiques sont des composés utilisés dans de nombreux secteurs industriels : automobile, chimique, papeterie et plus particulièrement le secteur textile, où toutes les gammes de nuance et de familles chimiques sont représentées. Les affinités entre le textile et les colorants varient selon la structure chimique des colorants et le type de fibres sur lesquelles ils sont appliqués. Il est à noter qu'au cours des processus de teinture, 15 à 20 % des colorants et parfois jusqu'à 40 % pour les colorants soufrés et réactifs, sont évacués avec les effluents liquides directement rejetés vers les cours d'eau sans traitement préalable. Ces eaux de rejets se trouvent fortement concentrés en colorants dont la faible biodégradabilité rend les traitements biologiques difficilement applicables, ce qui constitue une source de dégradation et de pollution de l'environnement.

De ce fait, plusieurs méthodes biologiques, physiques et chimiques ont été utilisées pour le traitement des effluents industriels, une technique de traitement adaptée aux rejets de l'industrie de textile doit être performante pour traiter un effluent mélangé. Pour cela le procédé d'adsorption sur charbon actif, est le procédé le plus utilisé et recommandé pour le traitement des eaux résiduaires dans les industries textiles à cause de son efficacité prouvée dans l'élimination de polluants organiques.

Malgré son efficacité, le charbon actif reste un matériau pour la plupart du temps importé, les recherches de nouveaux produits se sont alors orientées vers les procédés de traitement utilisant les matériaux naturels tels que les argiles, les matières agricoles (sciures de bois, déchets agricoles et alimentaires) en raison de leur disponibilité et de leurs faibles coûts.

Les rejets organiques sont toxiques et nécessitent une technique de dépollution adaptée, par contre le traitement des rejets textiles, compte tenu de leur hétérogénéité de leur composition, conduira toujours à la conception d'une chaîne de traitement assurant l'élimination des différents polluants par étapes successives. La première étape consiste à éliminer la pollution insoluble par l'intermédiaire de prétraitements et de traitements physico-chimiques assurant une séparation solide-liquide. La deuxième étape consiste à utiliser des techniques de dépollution dans les industries textiles qui se divisent en trois types :

a) *Techniques physiques*

- Méthodes de précipitation (coagulation, floculation, sédimentation),
- Adsorption sur charbon actif, osmose inverse, filtration et incinération.

b) *Techniques chimiques*

- Oxydation (oxygène, ozone, oxydants tels que NaOCl et H_2O_2).
- Réduction (Na_2SO_4).
- Méthode complexométrique .
- Résines échangeuses d'ions.

c) *Techniques biologiques*

- Traitement aérobie et anaérobie.

Dans le cadre de ce travail, nous avons visé l'étude de l'élimination d'un colorant acide : le bleu de Coomassie G-250. Ce colorant a été choisi du fait qu'il est très peu étudié puisqu'il existe peu de références bibliographiques le concernant, bien qu'il soit largement utilisé sur le continent Africain, notamment en industrie textile. Parmi les auteurs qui c'étaient intéressé à ce colorant, Ata et al. [34] ont étudié son élimination sur le son de blé (wheat Bran WB). Ils ont étudié le comportement de l'adsorption selon différents paramètres tels que le pH, la dose de l'adsorbant et le temps de contact. Il a été observé que jusqu'à 95.70 % de colorant a été adsorbé sur le son de blé, dans des conditions optimisées. Les modèles de Langmuir et Freundlich ont été utilisés pour modéliser les isothermes d'adsorption. Le modèle de Freundlich est le mieux adapté pour une adsorption multicouche. Les constantes de Freundlich n et K_F liées au modèle ont pour valeurs respectives 0.53 et $2.5.10^{-4}$ mg.g^{-1}. Les paramètres thermodynamiques $\Delta G°$, $\Delta H°$ et $\Delta S°$ ont été déterminés, les valeurs de ces grandeurs thermodynamiques montrent que la réaction est spontanée et favorable pour le (CBB) sur le son de blé. La capacité d'adsorption maximale obtenue q_{mx} vaut 6.410 mg.g^{-1}. Cette étude a montré que le son de blé traité est un bon adsorbant pour l'élimination des colorants dans les effluents de l'industrie textile. De plus, il très attrayant sur le plan économique étant donné son faible coût.

Tableau I.9: Constantes du modèle de Langmuir [34].

q_{max} (mg.g^{-1})	K_L (L.mg^{-1})	R^2
6.410	3.502	0.973

Tableau I.10: Valeurs des paramètres thermodynamiques [34].

T (K)	ΔG^0 (kJ.mol^{-1})	ΔS^0 (kJ.mol^{-1})	ΔH^0 (kJ.mol^{-1})	Ea (kJ.mol^{-1})
303	- 5756.13			
313	- 5871.38			
323	- 6230.61	1320.7	63.77	9684.75
333	- 6697.71			
343	- 7095.5			
353	- 7212.1			

Naveen Prasad et al. [35] ont aussi étudié l'élimination du bleu de Coomasie mais sur un autre type d'adsorbant : les coquilles de noix de coco (coir pith) traitées à l'acide. Ils ont optimisé trois paramètres analytiques en mode batch : temps de contact, concentration initiale du colorant et dose de l'adsorbant. Ils ont constaté que la cinétique d'adsorption est de pseudo-second ordre tandis que l'isotherme d'adsorption obéissait aussi bien à l'équation de Langmuir que de Frendlich. La capacité maximale d'adsorption obtenue était de 31.847 mg/g.

II.4. Généralités sur le colorant acide bleu de Coomassie G-250

Le bleu de Coomassie tient son nom de la localité africaine de Kumasi (Ghana) où il fut découvert. Il était utilisé comme teinture, et fut nommé en commémoration de l'occupation britannique de la capitale d'Ashanti en 1896, alors appelée Coomassie.

Le nom de Coomassie a été adopté à la fin du 19ième siècle comme un nom commercial pour le colorant préparé par Herbert Levinstein [36]. En 1918, ce colorant a été ajouté aux autres colorants britanniques, et en 1926, ils sont fabriqués par la maison 'Imperial Chemical Industries' [37].

En 1913, les colorants triphényl-méthane disulfonés bleus ont été inventés par Max Weiler qui vivait à Elberfeld (Allemagne) [38].

Les articles publiés dans les revues de biochimie font souvent référence à ces colorants simplement comme Coomassie, sans préciser lequel des colorants a été effectivement utilisé.

Le bleu de Coomassie existe sous deux formes importantes G-250 et le R-250 qui sont très utilisées surtout en biochimie. Les structures de ces deux colorants sont illustrées dans les figures (I.11 et I.12).

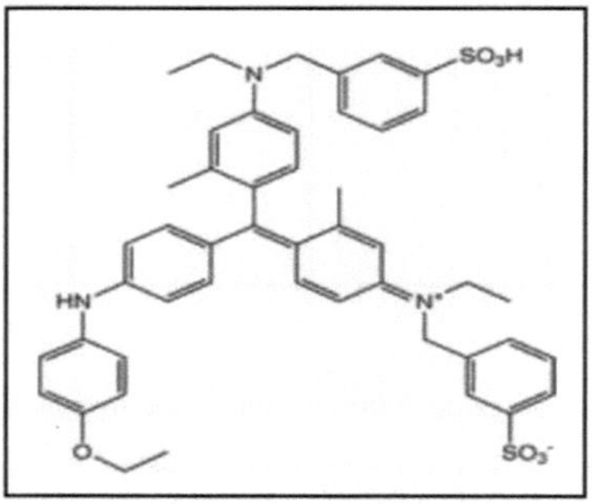

Figure I.11: Bleu de Coomassie G-250 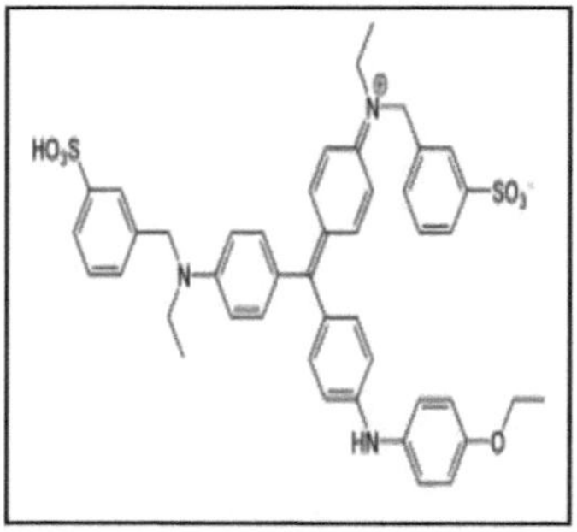   **Figure I.12:** Bleu de Coomassie R-250

Le suffixe 'R' dans le nom de bleu de Coomassie R-250 est une abréviation pour rouge car la couleur bleu du colorant a une légère teinte rougeâtre. La variante 'G' de la couleur bleue a une teinte plus verte. Le chiffre '250', à l'origine donnait la pureté du colorant. Les différentes couleurs sont le résultat des différents états de charge de la molécule du colorant qui dépend du pH de la solution et le maximum d'absorption est obtenu aux longueurs d'ondes : 470, 620 et 595 nm [39].

II.4.1. Applications du bleu de Coomassie G-250

a) Applications en biochimie

Le bleu de Coomassie R-250 a été d'abord utilisé pour visualiser les protéines en 1964 par Barbara Fazekas de St. Groth et ses collègues [40]. Le bleu de Coomassie (brilliant blue G-250) est utilisé en électrophorèse gel de polyacrylamide avec le dodécyl-sulphate de sodium (SDS PAGE) [41].

La méthode de dosage de Bradford utilise les propriétés spectrales du bleu de Coomassie brilliant blue G-250 pour estimer la quantité de protéines par colorimétrie [42]. Cette technique utilise le réactif de Bradford sous sa présentation commerciale.

b) *Applications médicales*

Récemment, le brilliant blue G « bleu de Coomassie » a été utilisé dans des expériences scientifiques pour traiter les traumatismes médullaires [43]. Les tests sont toujours en cours pour déterminer si ce traitement peut être utilisé efficacement chez l'homme durant une longue période. Il est également utilisé en chirurgie rétinienne [44].

c) *Applications en laboratoire*

Le bleu de Coomassie se lie aux protéines, aux acides aminés basiques et aux aromatiques. Le bleu de Coomassie est un constituant intégral de la méthode de Bradford, permettant de déterminer la concentration en protéines d'une solution.

Dans le cadre de ce travail de doctorat, nous avons visé l'élimination par un procédé d'adsorption de deux polluants : un métal lourd (Cobalt) et un colorant (bleu de Coomasie). Leur choix a été motivé par les faits suivants :

- Leurs diverses applications dans la vie courante.

- Leurs impacts sur l'environnement.

- Le peu de travaux réalisés sur leurs éliminations des milieux aqueux.

- La valorisation de notre adsorbant par l'évaluation de son pouvoir de rétention sur un élément léger (Cobalt) et une macromolécule (bleu de Coomasie).

A cet effet, nous nous sommes intéressés à valoriser un déchet agricole : le noyau d'abricot en l'occurrence, en l'utilisant comme adsorbant à faible coût pour la rétention des deux polluants suscités. En effet, des quantités importantes de ce déchet agricole sont générées chaque année et restent mal exploitées jusqu'à présent. Ce déchet peut être valorisé en le transformant en charbon actif puisqu'il possède toutes les caractéristiques pour qu'il bénéficie, en subissant au préalable des traitements chimiques et physiques, d'un pouvoir adsorbant vis-à-vis des matières organiques et minérales. Ceci permettra d'atteindre un triple objectif :

- Diminution de la pollution de l'environnement.

- Valorisation d'un déchet alimentaire (noyau d'abricot).

- Recyclage des eaux polluées pour l'irrigation, puisque le traitement d'adsorption est visé en tant que traitement tertiaire en station d'épuration

Notre étude du procédé d'adsorption a été réalisée en mode batch selon la chronologie suivante :

- Une étude d'optimisation des paramètres analytiques : temps de contact, vitesse d'agitation, pH, granulométrie de l'adsorbant, température, dose de l'adsorbant et concentration initiale.

- Une étude cinétique et thermodynamique pour chaque polluant à part.

- Une valorisation de l'adsorbant à faible coût par comparaison de la capacité d'adsorption maximale à celles obtenues avec d'autres adsorbants.

Références bibliographiques du chapitre I
(Généralités sur les polluants)

[1] G.M. Gadd Metals and microorganisms. A problem of definition. FEMS Microbiology, Lett, 100, **(1992)** 197-204.

[2] D.C. Adriano. Trace Elements in the Terrestrial Environment. Springer **(1986)** Verlag New-York Inc.

[3] M. Crine Le traitement des eaux industrielles chargées en métaux lourds. Tribune de l'eau, V561 **(1993)** 3-19.

[4] Degrémont Mémento technique de l'eau. 10ème Edition **(2005)**. Degrémont, Rueil-Malmaison.

[5] J.C Boeglin et J.L Roubaty, Pollution industrielle de l'eau : caractérisation, classification, mesure. Techniques de l'ingénieur, G 1 210, V 2 **(2007)**.

[6] I. Thornton Geochemical aspects of the distribution and forms of heavy metals in soils Edition. Applied Science Publisher, **(1981)** London 1-34.

[7] J.O Nriagu and J.M Pacyna, Quantitative assessment of worldwide contamination of air, water and soils by trace metals. Nature V 333 **(1988)**134-139.

[8] C. Biney, A.T Amuzu et all, Etude des métaux lourds, revue de la pollution dans l'environnement aquatique africain (Archive de document de la FAO).

[9] M. Dore Chimie des oxydants de traitement des eaux Ed Lavoisier, **(1989)** Paris.

[10] Organisation Mondiale de la Santé. Directive qualité pour l'eau de boisson O.M.S **(2000)**, $2^{éme}$ Edition, Genève.

[11] A. Kettab Traitement des eaux potables. O.P.U **(1992)** Alger.

[12] Direct exécutif N° 93-160 **(1993)** règlement les rejets effluent liquides industriels.

[13] C.I.S Campagne d'information et de sensibilisation, Bertoua, Lomié, au cours de la restitution publique de l'étude d'impact environnemental et social préliminaire du projet d'exploitation de Cobalt -Nickel de Nkamouna par GEOVIC Cameroon **(2006)**.

[14] N. B Jmili , H. Ghorbel, M. Kortas, H. Ghorbel, M. Kallel, F. Safta, Y. Braham, A. Hedhili, Dosage du Cobalt Co^{2+} par Spectrométrie d'Absorption Atomique et application à l'analyse de la vitamine B12. Revue Française des Laboratoires, Issue 359, **(2004)** 39-44.

[15] M. I Din, M. L Mirza, S. Ata, M. Athar, I. Mohsin. Thermodynamique de Biosorption pour l'enlèvement des ions Cobalt Co^{2+} par un efficace biosorbant (Saccharum Bengalense): Cinétique Isotherme et Modélisation. Journal de chimie (2013) Article ID 528542, 11.

[16] E. Demirbaş, Adsorption of Co^{2+} ions from aqueous solution onto activated carbon prepared from Hazelnut schells. Adsor. Science and technology, V 21, N10 (2003) 951-963.

[17] S. A Al-Jlil. Equilibrium Study of Adsorption of Cobalt ions Co^{2+} from Wastewater using Saoudi Roasted Date Pits. Research Journal of Envir. Toxicology V 4, Issue 1, (2010)1.

[18] M. Ghaedi, S. Hajati , F. Karimi, B. Barazesh, Gholamrez, Ghezelbash. Equilibrium, kinetic and isotherm of some metal ion Co^{2+}, Cu^{2+}, Ni^{2+}, Pb^{2+} biosorption. Journal of Industrial and Engineering Chemistry V19 (2013) 987-992.

[19] A.H Sulaymon, T. J Mohammed, J. Al-Najar, Equilibrium and kinetics studies of adsorption of heavy metals Pb^{2+}, Cr^{3+}, Co^{2+} and Cu^{2+} onto activated carbon. Canadian Journal on Chemical Engineering and Technology V 3, N4 (2012) 86-92.

[20] C. Caramalău, L. Bulgariu, M. Macoveanu, Cobalt (II) Removal from Aqueous Solutions by Adsorption on Modified Peat Moss. Chem. Bull. V 54 (68), 1, (2009) 13-17.

[21] T. Sauer, G. Gosconeto HJ. J and Moreira, R.F. P. M., V 149 (2002) 147-154.

[22] N. Daneshvar, D. Salari and A. R Khataee, Journal of Photochem. Photobiol A: Chemistry, V 157 (2003) 111-116.

[23] G.S Gupta, G. Prasad and V.N. Singh, Removal of Chrome dye from aqueous solutions mixed adsorbents fly ash and coal, Water Research., V 24 (1), (1990) 45-50

[24] M. S El Geundi, Adsorbents for industrial pollution control, Adsorption Science and Technology V 1, Issue10, (1977) 777-787.

[25] G. Mc Kay et B. Alduri, Multi components dye adsorption onto carbon using a solid diffusion mass transfer model, Ind. Eng. Chem. Res., V 30 (2), (1991) 385-395.

[26] P. Arnauld. Cours de chimie organique. 15^{éme} Edition. Dunod Editeur (1990).

[27] Recueil des normes françaises de textiles. Code de solidité de teinture (1985) 4ème Edition (AFNOR).

[28] J. Lederer, Encyclopédie de l'hygiène alimentaire (1986) Tome (IV) Edition Nauewelearts. Malone S.A.

[29] E. Zawlotzki Guivarch, Traitement des polluants organiques en milieu aqueux par procédé électrochimique d'oxydation avancée, Electro-fenton, application à la minéralisation des colorants synthétiques, thèse de Doctorat, Université de Marne-La-Vallée, (2004).

[30] K. Ounissa, Biodégrabilité, adsorbabilité et échange ionique de colorants cationiques présents dans les effluents de la teinturerie de l'unité couvertex de Ain Djasser. Thèse de Mag. Université Mentouri Constantine (1996).

[31] G.E Walsh., L. H Bahner and W. B Houninig, Env. Pollut. Ser., A 21 (1980) 169-179.

[32] F. Meink, H. Stoof, H. Kohschuter, Les eaux résiduaires industrielles. (1977) $2^{\text{ème}}$ Edition Masson.

[33] T. D Balakina and L. A Baktueva, Plerum Publishing Corporation, (1987) 1264-1267.

[34] S. Ata, I. M Din, A. Rasool, I. Qasim, I. Mohsin. Equilibrium, thermodynamics, and kinetic sorption studies for the removal of Coomassie Brilliant Blue on wheat bran as a low-cost adsorbent Journal of Analytical Methods in Chemistry V 1, Issue 1, (2012).

[35] R. Naveen Prasad, S. Viswanathan, J. Renuka Devi, Johanna Rajkumar and N. Parthasarathy. Kinetics and Equilibrium Studies on Biosorption of CBB by Coir Pith. American-Eurasian Journal of Scientific Research V 3 (2) (2008) 123-127.

[36] M.R.M.R. Fox, Dye-makers of Great Britain (1987) 1856-1976, A History of Chemists, Companies, Products and Changes.

[37] Fox, Dye-makers of G. Brit 1856-1976, A History of Chemists, Companies, Products and Changes (1987).

[38] Colour Index (pdf) 4. Bradford: Society of Dyers and Colourists (1971) 4397-4398.

[39] H. J Chial, H. B Thompson, A. G Splittgerber, A spectral study of the charge forms of Coomassie Blue G. Analytical Biochemistry, V 209 (2) (1993) 258-266.

[40] S. Fazekas de St. Groth, R. G Webster, A. Datyner, Two new staining procedures for quantitative estimation of proteins on electrophoretic strips. Biochimica et Biophysica Acta. V 71 **(1963)** 377-391.

[41] T. S Meyer, B. L Lambert, Use of brilliant blue R-250 for the electrophoresis of microgram quantities of parotid saliva proteins on acrylamide-gel strips. Biochimica et Biophysica Acta, V 107 (1), **(1965)** 144-145.

[42] M. Bradford, Rapid and sensitive method for the quantitation of microgram quantities of protein utilizing the principle of protein-dye binding. Analytical Biochemistry V 72 **(1976)** 248-254.

[43] W. Peng, M. L Cotrina et al. Systemic administration of an antagonist of the ATP-sensitive receptor P 2 X 7 improves recovery after spinal cord injury. Proceedings of the National Academy of Science of the U S A, V 106 (30), **(2009)** 12489-12493.

[44] S. Mennel, C.H Meyer, J. C Schmidt, S. Kaempf, G. Thumann. Trityl dyes patent blue V and brilliant blue G - clinical relevance and in vitro analysis of the function of the outer blood-retinal barrier. Developments in Ophthalmology V 42 **(2008)** 101-114.

CHAPITRE. II
ETUDE
BIBLIOGRAPHIQUE

1. ADSORPTION

I. Définition de l'adsorption

Le terme adsorption a été proposé pour la première fois par Kayser en 1881. Il voulait différencier entre une condensation de gaz à la surface et une adsorption de gaz, processus dans lequel les molécules de gaz pénètrent dans la masse. Enfin, le terme désorption a été proposé en 1909 par M.C. Bain, ce terme désigne aussi bien le phénomène d'adsorption que celui de la désorption [1].

L'adsorption est un phénomène physico-chimique interfacial et réversible provoquant l'accumulation des molécules de soluté dans l'interface solide-liquide. Très souvent, l'adsorption des molécules organiques par les argiles est réalisée au laboratoire à l'aide de la technique en ' *batch* '. Cette technique consiste à agiter des suspensions d'adsorbants dans des solutions aqueuses contenant l'adsorbât dans des récipients fermés ou ouverts jusqu'à atteindre l'équilibre d'adsorption. Les quantités adsorbées sont classiquement calculées par la différence des concentrations initiales et à l'équilibre. Elle permet de mesurer une disparition des molécules de la phase liquide, mais elle ne permet pas d'identifier les phénomènes mis en jeu. L'adsorption est certainement impliquée, mais les autres phénomènes de rétention ne peuvent pas être écartés.

L'adsorption en système batch utilisé à l'échelle du laboratoire est, comme tout processus de transfert, régi par un mécanisme d'échange entre les phases mises en présence. Le mécanisme d'adsorption dépend des caractéristiques physico-chimiques du système et des conditions opératoires du procédé ; il fait appel au potentiel des forces, au gradient de concentrations et à la force de diffusion dans les pores.

Dans le cas des mélanges, la compétition entre polluants peut favoriser ou gêner l'adsorption. Ils constituent la matrice de la solution, qui retient ou chasse l'adsorbât, c'est l'un des aspects le moins connu de la théorie de l'adsorption.

II. Types d'adsorption

II.1. Adsorption physique

L'adsorption physique est un phénomène réversible qui résulte de l'attraction entre les molécules d'adsorbant composant la surface du solide et les molécules du soluté de la phase liquide, ces forces attractives sont de nature physique, telles que les forces de Van Der Waals.

Ces forces ne détruisent pas l'individualité des molécules et opèrent à des énergies faibles de l'ordre de 2 à 6 k.cal.mol^{-1}. Il n'ya pas de formation de nouvelles liaisons, mais elle résulte de la présence des forces intermoléculaires qui agissent entre deux particules voisines [2]. Ce phénomène est observé essentiellement dans la condensation de molécules gazeuses sur la surface du solide et il est favorisé, en conséquence, à des basses températures.

II.2. Adsorption chimique

L'adsorption chimique résulte d'une interaction chimique entre les molécules d'adsorbant composant la surface du solide et les molécules de soluté. Ces forces d'attractions de nature chimique provoquent un transfert ou une mise en commun d'électrons, par conséquent, une destruction de l'individualité des molécules et la formation d'un composé chimique à la surface de l'adsorbant est observée. Ce type d'adsorption a lieu à haute température et met en jeu une énergie de transformation élevée.

II.3. Comparaison entre les deux types d'adsorption

L'étude comparative entre les deux types d'adsorption selon les interprétations théoriques qui peuvent justifié les résultats expérimentaux des travaux effectués sont résumés dans le tableau (II.1.1).

Tableau II.1.1: Comparaison des deux types d'adsorption **[3].**

Propriétés	Physisorption	Chimisorption
Liaisons	Van Der Waals	Chimique
Température du processus	Relativement basse	Plus élevée
Chaleur d'adsorption	1 à 10 kcal.mol^{-1}	> 10 kcal.mol^{-1}
Processus de désorption	Facile	Difficile
Cinétique	Très rapide	Lente
Formation des couches	Multicouches	Monocouche
Réversibilité	Réversible	Irréversible

III. Phénomène et paramètres influents sur l'adsorption

III.1. Phénomène d'adsorption

Le phénomène d'adsorption est transfert un d'une phase liquide contenant l'adsorbât vers une phase solide avec rétention des solutés à la surface de l'adsorbant. Ce processus est composé de quatre étapes (Fig.II.1.1) [4].

- Transfert de la particule de la couche externe vers l'interne (*étape très rapide*).
- Déplacement de l'eau liée jusqu'au contact avec l'adsorbant (*étape rapide*).
- Diffusion dans l'adsorbant sous un gradient de concentration (*étape lente*).
- Adsorption dans un micropore (*étape très rapide*).

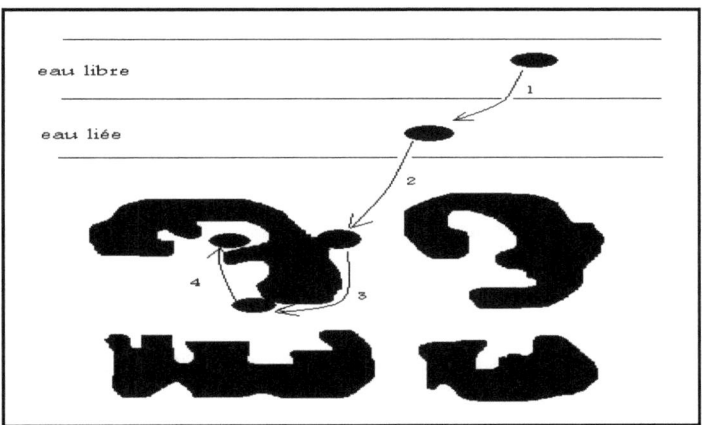

Figure II.1.1: Etapes de transfert d'un soluté lors de son adsorption **[4]**.

III.2. Mécanisme d'adsorption

Il existe plusieurs mécanismes d'adsorption d'un soluté sur la surface d'un solide **[5]**.

Parmi ces mécanismes, nous pouvant citer :

- L'adsorption par échange d'ions.
- L'adsorption mettant en jeu une paire d'électrons.
- L'adsorption par polarisation des ponts d'hydrogène.
- L'adsorption mettant en jeu l'attraction électrostatique.

La désorption est moins connue par rapport à l'adsorption, cependant différents modes de désorption sont envisagés **[6]**.

- Désorption par augmentation de la température.
- Désorption par diminution de la pression.
- Désorption par élution.
- Désorption par déplacement.

III.3. Facteurs influents l'adsorption

L'équilibre d'adsorption entre un adsorbant et un adsorbât dépend de nombreux facteurs dont les principaux sont : la surface spécifique, la porosité, la nature de l'adsorbât, ainsi que la nature et le choix de l'adsorbant.

III.3.1. Surface spécifique

L'adsorption est proportionnelle à la surface spécifique [7]. La cinétique d'adsorption dépend de la dimension de la surface externe des particules, elle est fondamentale pour l'utilisation d'un charbon actif. Cette surface spécifique externe ne représente pourtant qu'une portion minime de la surface totale disponible à l'adsorption, cette dernière peut être augmentée généralement par traitement ou par broyage de la masse solide qui augmente sa porosité totale [8].

III.3.2. Porosité

La distribution poreuse ou porosité est liée à la répartition de la taille des pores, elle reflète la structure interne des adsorbants microporeux [9].

III.3.3. Nature de l'adsorbât

D'après la règle de Lundenius « Moins une substance est soluble dans le solvant, mieux elle est adsorbée ». D'après la règle de Traube, l'optimisation des paramètres analytiques et particulièrement le pH augmente le rendement d'adsorption des polluants contenus dans les solutions aqueuses [7].

III.3.4. Nature et choix de l'adsorbant

La caractérisation complète d'un adsorbant pourrait se concevoir comme la connaissance de quatre paramètres essentiels qui sont : la distribution de la taille des particules, le facteur de forme, la distribution de la taille des pores et la surface spécifique.

- **Distribution de la taille des particules**

La distribution de la taille des particules détermine les facteurs technologiques tels que la perte de charge lors de l'écoulement.

- **Facteur de forme**

Le facteur de forme dépend des propriétés mécaniques du solide tel que (l'élasticité, la dureté, la compressibilité et en particulier sa résistance à l'attraction).

- **Distribution de la taille des pores**

La distribution de taille des pores joue un rôle important dans les cinétiques globales du processus d'adsorption [10].

- **Surface spécifique**

La surface spécifique est une mesure de capacité de sorption de l'adsorbant, en pratique la détermination de ces paramètres cités est relative et dépend de la méthode de mesure et les relations sont assez approximatives.

III.3.5. Polarité

Un soluté polaire aura plus d'affinité pour un solvant ou pour l'adsorbant le plus polaire. L'adsorption préférentielle des composés organiques (les hydrocarbures, les dérivés chlorés, le phénol et les autres dérivés benzéniques) peu solubles en milieu aqueux est importante avec les adsorbants hydrophobes (charbon actifs, polymères poreux). Par contre, elle est insignifiante avec les adsorbants polaires très hydrophiles (gel de silice, alumine) [11].

III.3.6. pH

Le pH possède un effet sur le rendement d'adsorption, les meilleurs résultats sont obtenus aux pH acides pour les adsorbats cationiques et aux pH basiques pour les adsorbats anioniques [8], en tenant compte du point isoélectrique de l'adsorbant.

III.3.7. Température

L'adsorption est un phénomène généralement exothermique, en pratique il n'y a pas de modifications significatives dans l'intervalle de température compris entre 5 et 20 °C **[12]**. La vitesse d'adsorption varie en fonction de la température, généralement elle obéit à la loi d'Arrhenius.

IV. Classification et description des isothermes d'adsorption

L'examen d'un grand nombre des résultats publiés par les différents chercheurs dans le domaine d'adsorption a permis, en 1940 à Brunuver, Deming et Teller **[13]** de classer les isothermes en cinq types représentées dans la Figure II.1.2

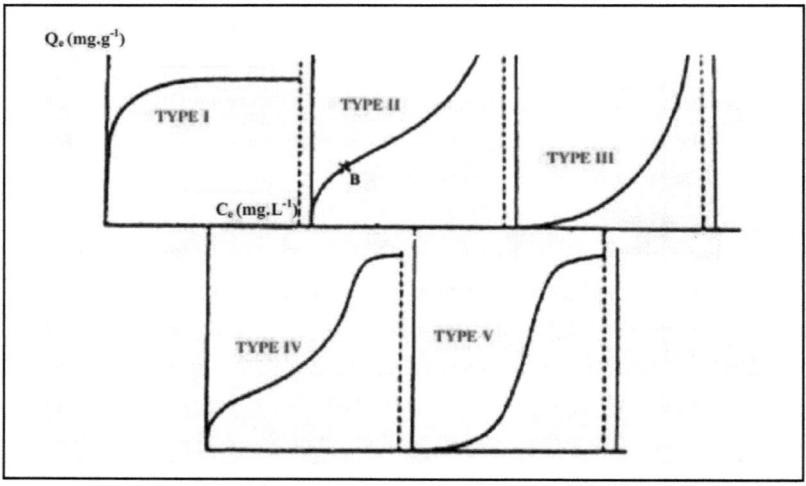

Figure II.1.2: Classification des isothermes d'adsorption.

IV.1. Description des isothermes d'adsorption

IV.1.1. Isotherme de type I

L'interprétation classique de cette isotherme est qu'elle est relative à une adsorption pour couche mono moléculaire complète, ce type d'isotherme est rencontré dans le cas d'adsorption de gaz sur les surfaces de mica et de tungstène, il est relatif à des solides microporeux de diamètre inférieur à 25 Å.

Cette isotherme peu avoir lieu aussi bien en physisorption qu'en chimisorption, composée de trois parties.

- L'une correspond à un accroissement brutal du phénomène.
- L'autre partie est linéaire où la quantité adsorbée est proportionnelle à la pression.
- La dernière partie correspond à un palier d'équilibre ou de saturation.

IV.1.2. Isotherme de type II

Ce type d'isotherme est le plus fréquemment rencontré, il se produit quand l'adsorption a lieu sur des poudres non poreuses ayant des macrospores où le diamètre est supérieur à 500 Å. Notons que le point d'inflexion de l'isotherme indique que la première couche est totalement saturée, et lorsque la pression relative du milieu augmente, le nombre de couches augmente et l'adsorption devient poly-couche.

IV.1.3. Isotherme de type III

Cette isotherme est caractéristique des adsorptions où la chaleur d'adsorption de l'adsorbât est inférieure à la chaleur de l'adsorbant. Elle est relativement rare, elle indique la formation de couches poly-moléculaires dés le début de l'adsorption, et avant que la surface ne soit pas recouverte complètement d'une couche mono-moléculaire.

L'adsorption additionnelle est facilitée du fait que l'interaction de l'adsorbât avec la couche est plus importante que l'interaction de l'adsorbât avec les sites de la surface de l'adsorbant. Un tel comportement indique que la surface du solide n'est pas homogène, et que l'adsorption s'effectue sur des sites préférentiels où les forces d'attraction sont les plus fortes. Généralement, les isothermes I, II la et III sont réversibles et la désorption suit la même allure que les courbes de sorption.

IV.1.4. Isotherme de type IV

Cette isotherme se produit sur des solides ayant des pores de diamètre compris entre 15 et 1000 Å. La pente croit à des pressions relativement élevées, ce qui indique

que les pores sont totalement remplis. Comme pour l'isotherme de type II, la poly-couche démarre quand la monocouche est totalement réalisée. Lorsque la pression augmente, des couches poly-moléculaires se forment. Une étude fine et complète de la physisorption d'un gaz sur un   solide donnera l'information précise sur la structure superficielle et sur la répartition statistique des pores ou cavités présentes dans le solide.

IV.1.5. Isotherme de type V

L'isotherme de type V donne lieu à une hystérésis, comme l'isotherme de type IV. Elle est similaire à l'isotherme de type III, c'est-à-dire que la poly-couche démarre, bien avant que la monocouche ne soit totalement réalisée. Ce type d'isotherme est aussi caractéristique des solides poreux ayant des diamètres de pores du même ordre que ceux des solides donnant des isothermes de type IV. La forme des isothermes de type IV et V présentent à la fin une pente différente, attribuée à géométrie des pores.

IV.2. Classification des isothermes

Lorsqu'un adsorbant et un adsorbât sont mis en contact, un équilibre thermodynamique s'installe entre les molécules adsorbées à la surface de l'adsorbant et les molécules présentes dans la phase liquide. L'isotherme d'équilibre d'adsorption est la courbe caractéristique, à une température donnée, de la quantité de molécules adsorbées par unité de masse d'adsorbant en fonction de la concentration en phase liquide. L'allure de cette courbe permet d'émettre des hypothèses sur les mécanismes mis en jeu : adsorption en monocouche ou multicouches, interactions entre molécules adsorbées ou non et de nombreux modèles ont été développés afin de les représenter. Des Auteurs (1974) [14] ont proposé les modèles d'adsorption dans lesquels quatre types particuliers sont utilisés. Ils correspondent aux formes principales d'isothermes généralement observées qui sont représentées dans la figure (II.1.3)

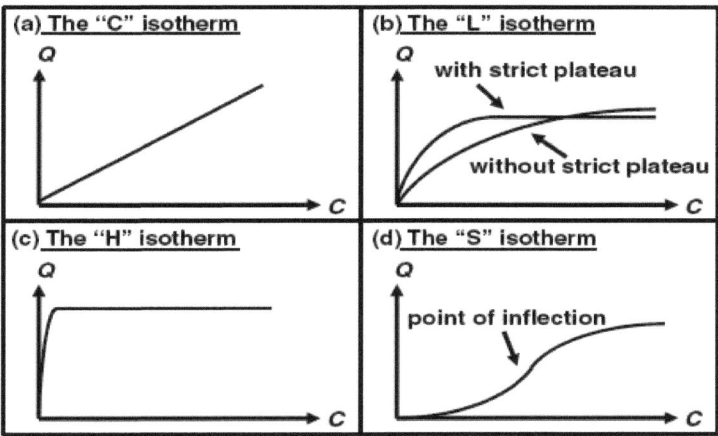

Figure II.1.3: Isothermes d'adsorption **[14]**.

Le type d'isotherme obtenu permet de tirer des conclusions qualitatives sur les interactions, entre l'adsorbât et l'adsorbant, dont les plus importantes sont les suivantes **[11]**:

- La forme de l'isotherme.
- L'existence de paliers sur les isothermes.
- Le type d'adsorption (mono ou poly-moléculaire).
- L'orientation des molécules adsorbées.

IV.2.1. Isotherme de type C

Le tracé des isothermes de type C donne une droite passant par l'origine. L'allure du graphe (droite) indique que le rapport entre la concentration résiduelle et adsorbée est le même pour n'importe quelle concentration. Ce rapport est appelé coefficient de distribution « K_d ». Elles concernent les molécules flexibles pouvant pénétrer moins dans les pores pour déplacer le solvant **[15]**.

IV.2.2. Isotherme de type L

L'isotherme de type L « *Langmuir* » indique l'adsorption à plat de molécules bi-fonctionnelles [4]. Le rapport entre la concentration résiduelle en solution et celle adsorbée diminue lorsque la concentration du soluté augmente, elle donne ainsi une courbe concave. Cette courbe suggère une saturation progressive de l'adsorbant [15].

IV.2.3. Isotherme de type H

C'est un cas particulier de l'isotherme de type L, où la pente initiale est très élevée. Ce cas spécial est différent des autres cas parce que le soluté montre parfois une affinité élevée vis-à-vis de l'adsorbant.

IV.2.4. Isotherme de type S

La courbe est sigmoïdale et présente un point d'inflexion, ce type d'isotherme est toujours le résultat d'au moins de deux mécanismes opposés. Les composés organiques non polaires sont un cas typique, ils ont une faible affinité pour les argiles, mais dés qu'une surface d'argile est couverte par ces composés d'autres molécules organiques sont adsorbées plus facilement [15].

Un processus d'adsorption peut être décrit à laide d'une isotherme d'adsorption, une telle isotherme est une courbe qui représente la relation entre la quantité du polluant adsorbée en solution par unité de masse d'adsorbant [16].

Plusieurs auteurs ont proposés des modèles théoriques pour décrire la relation entre la masse d'adsorbât fixée à l'équilibre (qe) et la concentration sous laquelle elle a lieu (Ce). Il s'agit des relations non-cinétiques : qe = f (Ce), qui sont nommées isothermes

L'allure générale de ces isothermes qui peuvent être obtenues dans les phénomènes d'adsorption est représentée dans la figure (II.1.4) selon la classification de Giles et al. [17].

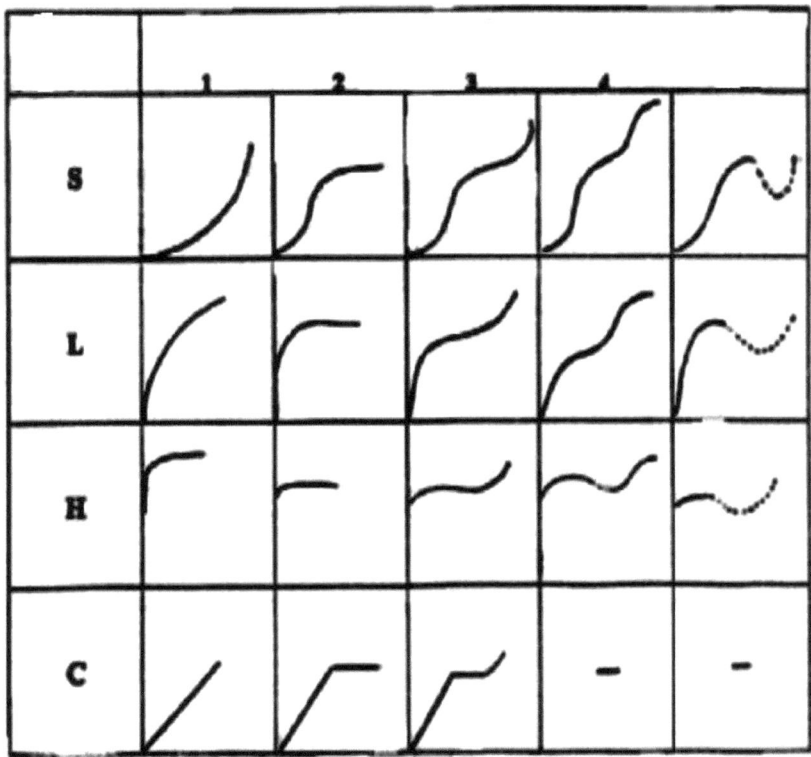

Figure II.1.4: Classes des isothermes d'après Giles et al. [17]

V. Modélisation des isothermes d'adsorption

En 1918, l'isotherme proposée repose sur les hypothèses suivantes [18].

- Il existe plusieurs sites d'adsorption à la surface de l'adsorbant.
- Chacun de ces sites a la même affinité pour les impuretés en solution.
- L'activité d'un site donné n'affecte pas l'activité des sites adjacents.
- Chacun de ces sites peut adsorber une seule molécule, par conséquent, une seule couche de molécules peut être adsorbée par l'adsorbant.

V.1. Isotherme de Langmuir [19].

Le modèle d'adsorption de Langmuir est défini par une capacité maximale d'adsorption qui est liée à la couverture des sites de la surface par une monocouche. L'importance de l'isotherme de Langmuir est qu'elle peut être théoriquement appliquée à une surface parfaitement uniforme, et lorsqu'il n'y a pas d'interactions entre les molécules adsorbées. Son importance dans la théorie de l'adsorption est comparable à celle de la loi des gaz parfaits pour le cas des gaz. Dans la pratique, il y a peu de systèmes qui sont décrits par une isotherme de type Langmuir, du fait de l'hétérogénéité de la surface et de l'interaction des molécules adsorbées. Et cela a conduit à la déduction d'autres types de modèle d'adsorption. L'équation de l'isotherme de Langmuir est donnée par la relation (1).

$$qe = q_{max} \cdot K_L \, Ce \, / \, (1 + K_L \, Ce) \qquad (1)$$

K_L (L.mg^{-1}) : constante de Langmuir

qe (mg.g^{-1}) : quantité de soluté adsorbé par unité de masse de l'adsorbant à l'équilibre

q_{max} (mg.g^{-1}) : capacité maximale d'adsorption

Ce (mg.L^{-1}) : concentration de l'adsorbât à l'équilibre

Ce modèle peut présenter cinq types d'isothermes relatives aux divers modes de fixation du soluté sur le solide [20] tableau (II.1.2).

V.2. Isotherme de Freundlich [21].

Le modèle d'adsorption de Freundlich est utilisé dans le cas de formation possible de plus d'une monocouche d'adsorption sur la surface et les sites sont hétérogènes avec des énergies de fixation différentes. Il est aussi souvent utilisé pour décrire l'adsorption chimique des composés organiques sur le charbon actif, à des concentrations élevées dans l'eau et les eaux de rejet.

L'isotherme d'adsorption de Freundlich repose sur l'équation empirique (2).

$$q_e = K_F \, C_e^{1/n} \qquad (2)$$

K_F (L.g^{-1}) et n sont des constantes associées respectivement à la capacité d'adsorption et à l'affinité de l'adsorbât vis-à-vis de l'adsorbant qu'il faut évaluer pour chaque température par le tracé du graphe $Lnq_e = f(LnC_e)$.

L'équation de Freundlich (3) sous sa forme logarithmique est plus utile :

$$Lnq_e = LnK_F + (1/n). LnC_e \qquad (3)$$

V.3. Isotherme d'Elovich [22].

L'équation est basée sur le principe de la cinétique qui suppose que le nombre des sites d'adsorption augmente exponentiellement avec l'adsorption, ce qui implique une adsorption multicouches décrite par la relation (4).

$$q_e/q_{max} = K_E C_e \exp(-q_e/q_{max}) \qquad (4)$$

K_E (L.mg^{-1}) : constante d'équilibre d'Elovich

q_{max} (mg.g^{-1}) : capacité maximale d'adsorption d'Elovich

q_e (mg.g^{-1}) : capacité d'adsorption à l'équilibre

C_e (g.L^{-1}) : concentration de l'adsorbât à l'équilibre

Si l'adsorption est décrite par l'équation d'Elovich, la constante d'équilibre et la capacité maximale peuvent être calculées à partir du tracé de $Ln(q_e/C_e)$ en fonction de q_e.

V.4. Isotherme de Temkin

La dérivation de l'équation d'isotherme de Temkin (équation.5) suppose que l'abaissement de la chaleur d'adsorption est linéaire plutôt que logarithmique, comme appliqué dans l'équation de Freundlich [23].

$$q_e = (RT/b_T). Ln(A_T C_e) = B LnA + B LnC_e \qquad (5)$$

b_T et A_T : constantes de l'isotherme de Temkin

R : constante des gaz parfaits (8.314 J. k^{-1} mol^{-1})

C_e (mg.L^{-1}) : concentration à l'équilibre et T (K) : température absolue

V.5. Isotherme de Dubinin-Radushkevich (D-R) [24].

L'isotherme de Dubinin-Radushkevich suppose une surface hétérogène et elle est exprimée par l'équation (6).

$$q_e = q_{max} \ exp \ (-K\varepsilon^2) \tag{6}$$

ε : Potentiel de Polanyi $\varepsilon = Ln \ (1+1/C_e)$

q_e (mg.g^{-1}) : quantité du polluant adsorbée par gramme d'adsorbant

q_{max} (mg.g^{-1}) : capacité maximale d'adsorption

C_e (mg.L^{-1}) : concentration à l'équilibre des ions métalliques en solution

K (mol^2 k.J^{-2}) : constante liée à l'énergie d'adsorption

R (J.K^{-1}. mol^{-1}) : constante des gaz parfaits et T(K) : température absolue

L'isotherme de D-R peut être exprimée par sa forme linéaire (équation.7).

$$Lnq_e = Lnq_{max} - K\varepsilon^2 \tag{7}$$

K : est calculé à partir de la pente du tracé de Lnqe en fonction de ε^2, et l'énergie moyenne d'adsorption   E (kJ.mol^{-1}) peut être obtenue à partir des valeurs de K [25] en employant l'équation (8) [26].

$$E = 1/ \ [(2K)] \ ^{1/2} \tag{8}$$

Les constantes d'isotherme de Langmuir n'expliquent pas les propriétés du processus d'adsorption physique ou chimique, mais l'énergie moyenne d'adsorption (E) calculée à partir de l'isotherme de D-R fournit des informations importantes au sujet de ces propriétés [27].

- Si E < 8 kJ.mol^{-1}, la physisorption domine le mécanisme de sorption.
- Si E est entre 8 et 16 kJ.mol^{-1}, l'échange ionique est le facteur dominant.
- Si E > 16 kJ.mol^{-1}, la sorption est dominée par la diffusion intra particules [26].

V.6. Isotherme de Toth [28].

Toth a modifié l'isotherme de Langmuir pour minimiser l'erreur entre les donnés expérimentales à l'équilibre d'adsorption et les valeurs prédites.

L'application de cette équation (9) est plus convenable pour l'adsorption en multicouches, similaire à l'isotherme de Brunauer, Emett et Teller « BET » qui est un type spécifique de l'isotherme de Langmuir.

L'équation analytique du modèle est représentée par l'équation (9) suivante :

$$q_e = C_e \, q_{max} \, / \, [1/K_T + C_{emT}]^{\, 1/m_T} \tag{9}$$

K_T, m_T : constante d'équilibre et l'exposant du modèle de Toth

C_e (mg.L^{-1}) : concentration à l'équilibre

q_{max} (mg.g^{-1}) : capacité maximale d'adsorption de Toth

V.7. Isotherme de Langmuir-Freundlich [29].

L'isotherme de Langmuir-Freundlich (équation.10) est basée sur les isothermes de Langmuir et Freundlich. Elle décrit bien les surfaces hétérogènes.

$$q_e = q_{max} \, (K_L Ce)^n \, / \, [1 + K_L.C_e] \tag{10}$$

C_e (mg.L^{-1}) : concentration à l'équilibre.

q_e (mg.g^{-1}) : capacité d'adsorption à l'équilibre.

q_{max} (mg.g^{-1}) : capacité maximale d'adsorption.

K : constante de Langmuir.

n : constante déduite du modèle de Freundlich.

V.8. Isotherme de Brunauer, Emmett et Teller [28].

Le modèle de Brunauer, Emmett et Teller (BET) admet la formation de multicouches d'adsorbant, une distribution homogène des sites sur la surface de l'adsorbant et l'existence d'une énergie d'adsorption qui retient la première couche de molécules adsorbées et une deuxième énergie qui retient les couches suivantes. Ce modèle rend compte aussi du phénomène de saturation et fait intervenir la solubilité du solide dans le solvant, sous la concentration C_s de saturation. L'isotherme de BET est représentée par l'équation (11).

$$C_e \, /q_e \, (C_0 - C_e) = [1/(q_{max} \, K)] + (K-1) \, /(q_{max}.K) \, . \, [C_e \, / \, C_0] \tag{11}$$

C_e (mg.L^{-1}) : concentration à l'équilibre

C_0 (mg.L^{-1}) : concentration initiale

q_e (mg.g^{-1}) : capacité d'adsorption à l'équilibre

q_{max} (mg.g^{-1}) : capacité de rétention mono moléculaire

K : constante de l'équation BET

La modélisation des différentes isothermes est donnée sous forme linéaire (Tableau (II.1.2)). Cette modélisation permet la détermination des constantes des différents modèles.

Tableau II.1.2: Représentations graphiques des isothermes des différents modèles

Modèle	Equation de l'isotherme		Graphe
Langmuir	$q_e = q_{max} \cdot K_L\, C_e\, /(1 + K_L\, C_e)$	Type I Type II Type III Type IV Type V	$1/q_e = f(1/C_e)$ $C_e/q_e = f(C_e)$ $q_e = f(q_e/C_e)$ $q_e/C_e = f(q_e)$ $1/C_e = f(1/q_e)$
Freundlich	$q_e = K_F\, C_e^{1/n}$		$Ln\, q_e = f(lnC_e)$
Temkin	$q_e = RT/b \cdot lnA\, C_e$		$q_e = f(lnC_e)$
Dubinin-R	$q_e = q_{max} \exp(-K\varepsilon^2)$		$Ln\, q_e = f(\varepsilon^2)$
Elovich	$q_e/q_{max} = K_E.C_e\,(-q_e/q_{max})$		$Ln\,(q_e/q_{max}) = f(q_e)$
B.E.T	$q/q_{max} = K(C/C_o)\,/\,[(1-C/C_o)[1+(K-1).C/C_o])$		$C_e/[q_e(C_o-C_e)] = f(C_e/C_o)$

VI. Modèles cinétiques d'adsorption

La cinétique d'adsorption n'est pas encore décrite de façon satisfaisante par des équations, mais elle est gouvernée par deux étapes qui sont :

- Transport de la molécule vers la particule, par agitation, s'il s'agit de charbon en poudre, et par turbulence, s'il s'agit de charbon actif granulaire.

- Migration jusqu'au site d'adsorption par diffusion intra granulaire. La seconde étape est évidement la plus lente, et ne peut pas être accélérée artificiellement. Deux modèles ont été formulés de façon détaillée.

- Le pore diffusion model (PDM) de Weber [30]: Dans le PDM, la molécule est supposée migrer par diffusion dans le liquide et pénétrer dans les pores selon leurs axes. Au cours de sa migration, elle s'équilibre localement le long de la paroi du pore par adsorption

- Le homogeneous surface diffusion (HSD) de Sontheimer [31]: Dans le HSD, la molécule s'adsorbe dés l'entrée du pore, à l'extérieur du grain, seul endroit où est supposé régner un équilibre d'adsorption. Ensuite, la molécule adsorbée migre le long de la surface du pore, selon une loi de diffusion. Deux résistances sont rencontrées successivement: le premier est un coefficient de transfert de masse dans le film liquide, et le second est un coefficient de diffusion superficielle.

La cinétique du phénomène d'adsorption est déterminée par le transfert de matière à l'interface liquide-solide où sont localisées toutes les résistances au transfert de matière. L'équation fondamentale est celle qui régit les phénomènes de transfert de matière en général entre deux phases, elle exprime que le flux d'adsorption est proportionnel à l'écart entre la quantité adsorbée q_t à l'instant t et la quantité adsorbée à l'équilibre q_e. La cinétique d'adsorption est le second paramètre indicateur de la performance d'un adsorbant. Elle permet d'estimer la quantité de polluant adsorbé en fonction du temps. La cinétique fournit des informations relatives au mécanisme d'adsorption et sur le mode de transfert des solutés de la phase liquide à la phase solide. équilibres d'adsorption et la cinétique d'adsorption d'un matériau peuvent être modélisés. A cet effet, la littérature rapporte un certain nombre de modèles, tels que : le modèle de Lagergren (modèle de premier ordre), le modèle cinétique d'ordre deux, le modèle de diffusion intra-particulaires. La majorité des travaux consultés évalue le potentiel cinétique des bio-sorbants par le modèle cinétique d'ordre deux, le coefficient k_2, qui est le paramètre du modèle, est encore en étude. Ce dernier est retenu comme paramètre de comparaison des adsorbants.

VI.1. Modèle cinétique du pseudo-1 ordre (Modèle Lagergren) [32].

En 1898, Lagergren a proposé un modèle cinétique de pseudo premier ordre exprimé par la relation (12).

$$dq_t/dt = K_1 (q_e - q_t) \tag{12}$$

k_1 (mn^{-1}) : constante de vitesse pour une cinétique de pseudo premier ordre
q_t (mg.g^{-1}) : capacité d'adsorption à l'instant t
q_e (mg.g^{-1}) : capacité d'adsorption à l'équilibre

L'intégration de l'équation (12) donne la forme linéaire (13) [32]:

$$Log (q_e - q_t) = Log\ q_e - (K_1 / 2.303) \cdot t \tag{13}$$

VI.2. Modèle cinétique de pseudo-second ordre

Dans le souci d'approcher le plus possible le mécanisme réactionnel réel, Ho et Mc Kay [33, 34] ont opté plutôt pour un modèle cinétique d'ordre deux. Ces deux modèles mathématiques ont été choisis d'une part pour leur simplicité et d'autre part pour leur application dans le domaine d'adsorption des composés minéraux et organiques sur les différents adsorbants. Le modèle de pseudo-second ordre suggère l'existence d'une chimisorption, un échange d'électrons par exemple entre molécules d'adsorbât et l'adsorbant solide. Il est donné par la formule (14).

$$dq_t / dt = K_2 (q_e - q_t)^2 \tag{14}$$

L'intégration de l'équation (14) donne la forme linéaire (15) [35].

$$t / q_t = 1 / (K_2 \cdot q_e^2) + (1 / q_e) \cdot t \tag{15}$$

q_t (mg.g^{-1}) : quantité adsorbée en adsorbât par gramme d'adsorbant à un temps t.
q_e (mg.g^{-1}) : quantité adsorbée de l'adsorbât par gramme d'adsorbant à l'équilibre.
t (min) : temps en minute.
K_2 (g.min^{-1}.mg^{-1}) : constante de vitesse.

VI.3. Modèle cinétique de second ordre

Dans l'équation (16), q_{exp} est une valeur expérimentale déduite pour une concentration C_o du métal au temps d'équilibre, et $q_{e(cal)}$ est la quantité d'adsorption maximale déduite graphiquement.

$$1/(q_{ex} - q_t) = 1/q_e + k_2\, t \tag{16}$$

q_{ex} (mg.g^{-1}) : quantité adsorbée de l'adsorbat par gramme d'adsorbant à un temps t $_{éq}$.

q_e (mg.g^{-1}) : quantité adsorbée calculée de l'adsorbat par gramme d'adsorbant à l'équilibre

q_t (mg.g^{-1}) : quantité adsorbée de l'adsorbat par gramme d'adsorbant à un temps t (min)

k_2 (g.min^{-1}.mg^{-1}) : constante de vitesse

Remarque :

Le tracé des graphes des équations linéaires des différents modèles cités, en fonction du temps permet de déterminer la constante de vitesse et de déduire la quantité adsorbée à l'équilibre q_e(théorique) correspondante à chaque modèle. La comparaison des quantités adsorbées théoriques et expérimentales à l'équilibre et la linéarité du graphe nous renseigne sur le modèle qui décrit mieux les résultats expérimentaux.

VI.4. Etape limitante du mécanisme d'adsorption

Le modèle de la diffusion intra-particules (transport interne) est proposé par Weber et Morris [36, 37]. Il est représenté par l'équation (17).

$$q_t = k_{int}\, t^{1/2} + C \tag{17}$$

k_{int} (mg.g^{-1} min$^{-1/2}$) et C : sont des constantes du modèle diffusion intra-particules est déduite de la pente de la partie linéaire de l'équation représentant ce modèle. Si la courbe de ce modèle présente une multi linéarité cela indique l'existence de plusieurs types d'adsorption qui sont :

- La première étape de la courbe est légèrement concave est attribuée au phénomène de diffusion à la surface externe du solide (adsorption instantanée).

- La deuxième étape de la courbe est linéaire et correspond à une adsorption contrôlée par le phénomène de diffusion intra-particules (adsorption graduelle).

- La troisième étape de la courbe forme un plateau qui correspond à l'équilibre.

Le coefficient de diffusion D est déduit de la formule (18) :

$$\mathbf{D = 0.03\ r_o{}^2 / t_{1/2}} \tag{18}$$

$t_{1/2}$ (s) : temps de demi-réaction.

r_0 (cm) : diamètre des grains de l'adsorbant.

D (cm^2.s^{-1}) : coefficient de diffusion intraparticules.

Si la diffusion intraparticulaires est impliquée dans le processus de sorption, le tracé de la fonction $q_t = f(t^{1/2})$ donnera un tracé linéaire. Cette étape est limitante si la droite passe par l'origine. Dans le cas où la droite ne passe pas par l'origine, ceci indique que la diffusion dans les pores n'est pas le seul mécanisme limitant la cinétique de sorption. Il y a d'autres mécanismes qui sont impliqués [38, 39].

Si le processus d'adsorption est contrôlé par le transport externe (résistance due à la couche limite), le tracé du logarithme de la concentration résiduelle en fonction du temps $LnC_f = f(t)$ doit être linéaire [40].

VI.5. Modèle de diffusion dans le film liquide [41].

Le modèle de diffusion dans le film liquide est régi par la relation (19).

$$\mathbf{Ln\ (1-F) = -K_{fd}.\ t} \tag{19}$$

$F = (q_t/q_e)$: fraction partielle à l'équilibre

K_{fd} : constante de vitesse obtenue en traçant $- Ln(1-F)$ en fonction de t, si la courbe est une droite l'adsorption est contrôlée par un phénomène de diffusion dans le film liquide.

VI.6. Modèle d'Elovich [42].

Le modèle d'Elovich est représenté par l'équation (20).

$$\mathbf{q_t = (1/\beta)\ Ln\ \alpha.\beta + (1/\beta)\ Lnt} \tag{20}$$

α (mg.g^{-1}. min^{-1}) : taux d'adsorption initiale

β (mg.g^{-1}) : constante reliée à la surface et à l'énergie d'activation de la chimisorption

Ce modèle n'apporte pas des hypothèses évidentes pour le mécanisme de rétention. Néanmoins, il est recommandé pour des systèmes hautement hétérogènes.

VI.7. Modèle de Freundlich modifié [43].

Le modèle de Freundlich modifié est présenté par l'équation (21).

$$Lnq_t = Ln(K_F . C_o) + 1/m . Lnt \qquad (21)$$

K_F et m : constantes du modèle

C_o (mg.L^{-1}) : concentration initiale

L'application de ces différents modèles cinétiques sous forme linéaire par le tracé de la quantité adsorbée en fonction du temps. Le graphe obtenu permet de déterminer les quantités théoriques adsorbées et les constantes des modèles par identification des équations linéaires des modèles avec celles déduites des courbes de régression.

Le calcul d'erreurs, les coefficients de corrélation R^2 déduits des courbes de régression et la comparaison des capacités d'adsorptions expérimentale et théorique nous permet de retenir le modèle cinétique qui décrit le mieux les résultats expérimentaux. Pour mieux comprendre le processus d'attraction entre les sites de charges opposées de l'adsorbant et de l'adsorbât, nous avons appliqué le modèle de diffusion interne et externe afin de proposer l'étape prédominante dans le phénomène d'adsorption.

2. PREPARATION DE L'ADSORBANT

I. Généralités

Les charbons actifs sont utilisés pour l'adsorption des traces de nombreux composés organiques, les métaux lourds et les colorants présents dans les eaux. D'un charbon actif à l'autre, les propriétés peuvent être extrêmement différentes. A cette fin, chaque charbon actif doit être adapté aux polluants (métaux lourds et colorants) que l'on cherche à extraire [44].

Les charbons actifs ont été les premiers matériaux adsorbants à être utilisés à l'échelle industrielle. En 1860, le charbon de bois a été employé pour éliminer le goût et les odeurs des eaux distribuées en Angleterre par les municipalités. Suite à la première guerre mondiale (usage du masque à gaz) et à l'évolution industrielle du XXème siècle, les charbons actifs ont fait l'objet de nombreuses recherches qui en a fait un produit industriel conventionnel mais aussi de haute technologie.

Ils sont utilisés dans une très large variété de procédés comme l'élaboration de produits alimentaires, l'élaboration de produits pharmaceutiques, dans le domaine de la pétrochimie et pour le traitement des eaux résiduaires et domestiques. Il est à signaler également l'utilisation des charbons actifs pour l'adsorption des traces de nombreux composés organiques, les métaux lourds et les colorants dans les eaux.

D'un charbon actif à l'autre, les propriétés peuvent être extrêmement différentes et il y a lieu d'adapter soigneusement le charbon actif utilisé aux polluants que l'on cherche à extraire [1].

Les principaux adsorbants employés dans l'industrie sont les charbons actifs, les zéolithes, les gels de silice et les alumines activées dont les caractéristiques sont récapitulées dans le tableau (II.2.1).

Tableau II.2.1: Caractéristique des principaux adsorbants industriels [45].

Adsorbant	Surface spécifique (m^2.g^{-1})	Taille des pores (nm)	Porosité interne
Charbons actifs	400 à 2 000	1.0 à 4.0	0.4 à 0.8
Zéolithes	500 à 800	0.3 à 0.8	0.3 à 0.4
Gels de silice	600 à 800	2.0 à 5.0	0.4 à 0.5
Alumines activées	200 à 400	1.0 à 6.0	0.3 à 0.6

Le réseau poreux d'un adsorbant est constitué de pores de tailles généralement différentes dont la distribution varie selon la nature du matériau. La classification des pores adoptée par l'Union Internationale de Chimie Pure et Appliquée (IUPAC) est fondée sur leur taille, et selon cette classification il existe trois catégories de pores :

- Les micros pores dont le rayon est inférieur à 2 nm.
- Les méso pores dont le rayon est compris entre 2 et 50 nm.
- Les macros pores dont le rayon est supérieur à 50 nm.

L'origine des charbons actifs est à base de diverses matières, riche en matière carbonées: tels que les dérivés ligno-cellulosiques (déchets alimentaires), des charbons minéraux et des polymères. Vue le coût économique de ces charbons industriels, plusieurs investigations sont orientées vers la préparation des charbons à partir des déchets alimentaires (noyaux d'olives, bois, noix de cocos, coques d'amandes, noyaux de dattes et noyaux d'abricots etc...) par un traitement physique et chimique adéquat. Par conséquent, les charbons actifs sont des adsorbants très utilisés industriellement pour l'élimination des composés indésirables et des gaz. Selon les statistiques de la FAO (2006-2007), l'Algérie présente un taux de 3.5 % de la production mondiale en abricots. La grande quantité de noyaux d'abricots, qui est considéré comme un déchet, nous a motivé à les valoriser comme adsorbant préparé par action de l'acide phosphorique (85 %) suivi d'une calcination à une température de 250 °C. Ce travail présente un double aspect environnemental, d'une part une valorisation d'un sous-produit naturel (les coquilles de noyaux d'abricots) et d'autre part, l'étude de son efficacité d'adsorber les polluants (Cobalt et le colorant bleu de Coomassie G-250). Notons que le protocole d'élaboration de l'adsorbant dépend de plusieurs facteurs influents directement sur le développement de la porosité de l'adsorbant et la surface spécifique, parmi lesquels nous pouvons citer : le rapport solide/liquide (adsorbant/acide), la température et le temps de calcination.

M. Soleimani et al. [46] et M. Kazemipour et al. [47] ont montré que ce déchet agricole (noyaux d'abricots) selon un traitement préalable conduit à des résultats encourageants pouvant contribuer dans la dépollution des effluents industriels et eaux usées. De plus, ce dernier à prouvé son affinité pour la réduction de la radioactivité des éléments radioactifs (Co^{2+}, Cs^+, Er^{3+},....etc) [48].

II. Etude statistique de la production en abricot

Le tableau (II.2.2) montre la place de la méditerranée et en particulier de l'Algérie dans la production mondiale en abricot.

Tableau II.2.2: Statistique de la production d'abricot en Méditerranée [49].

Pays	Quantité de production x 10^{-4} tonnes	%
Monde	3385	**100**
Méditerranée	2023	**60**
Turquie	860	25
Iran	276	8
Italie	233	7
Pakistan	197	6
France	182	5
Algérie.........................	......................145......................	.....4.....
Espagne	137	4
Japon	123	4
Maroc	104	3
Syrie	101	3
Ukraine	94	3
Fédération Russ	82	2
Chine	78	2
Grèce	73	2
Egypte	73	2
USA	69	2
Roumanie	52	2
Ouzbékistan	52	2
Afrique du sud	44	1
Tunisie	35	1
Liban	32	1
Arménie	30	1

La culture de l'abricotier s'est développée au tour du bassin méditerranéen et en Asie centrale, aujourd'hui encore, c'est dans ces zones que se situent les principaux pays producteurs d'abricots [50].

Le tableau II.2.3 regroupe l'évolution de la production mondiale en abricot durant la période allant de 2000 à 2010 pour les principaux pays producteurs selon les statistiques de la FAO (2012) [51].

Tableau II.2.3: Evolution de la culture d'abricotier (x 10^{-3} tonnes) dans le monde (2000-2010) **[51]**.

Pays Année	Algérie	Chine	France	Iran	Italie	Maroc	Ouzpa-kistan	Pakistan	Turquie
2000	56354	88317	138944	262432	201372	119600	68000	125889	579000
2001	67724	83956	103164	282890	187700	104300	85000	124675	517000
2002	73733	72218	169418	284000	200110	86200	97000	124675	352000
2003	106469	81874	123814	285000	108320	97950	82000	210882	499000
2004	87991	96509	166136	285000	213425	85000	162000	214800	350000
2005	145097	90937	176950	166373	232882	103600	170000	197239	894000
2006	167017	83001	179812	275578	221994	129440	235637	177266	483459
2007	116438	75834	126409	416000	214573	105234	230000	240192	589732
2008	172409	77812	94516	487333	205493	113216	265000	237937	750574
2009	202806	89890	190382	371814	215121	133598	290000	193936	695364
2010	239700	94995	139569	400000	252892	132398	325000	200300	476132

Nous remarquons que l'Algérie présente une grande augmentation (elle passe de 56354000 tonnes en 2000 à 239700000 tonne en 2010), cet accroissement nous a permis de penser à l'élaboration d'un adsorbant à faible cout économique à partir de ce déchet alimentaire très répondu dans notre pays.

La Figure II.2.1 représente un histogramme qui illustre les statistiques de production en abricot de l'Algérie selon la FAO (2012) **[51]**.

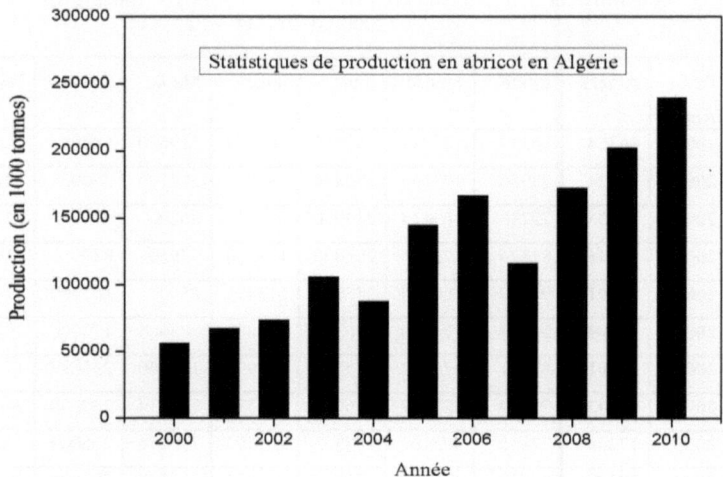

Figure II.2.1: Statistiques de production en abricot selon la FAO (2012).

III. Activation

Le but du processus d'activation est d'augmenter le volume et d'élargir les pores créés durant le processus de pyrolyse. La nature du matériau de départ ainsi que les conditions de pyrolyse prédéterminent la structure et la largeur des pores. L'activation supprime les structures carbonées désorganisées, exposant ainsi les feuillets aromatiques aux agents d'activation. La structure interne du composé ainsi obtenu est constituée d'un assemblage aléatoire de cristallites de type graphite, appelés par la suite *« Unités Structurales de Base »*.

L'espace entre ces unités constitue la microporosité du charbon. L'activation chimique est un procédé alternatif qui met en jeu un agent chimique tel que l'acide phosphorique « H_3PO_4 » favorisant la déshydratation, puis une réorganisation structurale à des températures choisies convenablement. L'activation et la pyrolyse sont concentrées en une seule étape dans le cas d'un charbon actif. La taille des pores dans le charbon actif final est déterminée par le degré d'imprégnation. Plus celui-ci est élevé et plus le diamètre des pores sera grand [52].

Bien que le charbon actif reste l'adsorbant de choix dans le domaine de l'adsorption, son coût relativement élevé d'une part et sa régénération difficile à réalisé d'autre part, ont poussé de nombreux chercheurs à travers le monde a cherché d'autres précurseurs à base de déchets cellulosiques, agricoles et polymériques. La porosité et la surface spécifique de l'adsorbant préparé à base de ces derniers dépend fortement de son mode d'activation chimique et/ou physique. Par exemple Bouchelta et al. [53] ont préparé des charbons actifs à partir de déchets de noyaux de dattes algériennes par activation physique et pyrolyse en présence de vapeur d'eau dans un réacteur à lit fixe chauffé. L'étude montre qu'une augmentation de la température d'activation et un long temps de séjour réduisent le rendement. La caractérisation des matériaux de carbone est effectuée par microscopie électronique à balayage (MEB), diffraction aux rayons X (DRX), la spectroscopie infrarouge à transformée de Fourier (IRTF) et d'adsorption d'azote (BET). Les résultats montrent la présence de cellulose et de l'hémicellulose dans la matière première, et la prédominance du carbone et du graphite après pyrolyse. Différents groupes fonctionnels contenant de l'oxygène sont présents dans la matière première, alors que les structures aromatiques sont développées après pyrolyse et activation.

La meilleure surface spécifique (635 m^2.g^{-1}) et le volume microporeux (0.716 cm^3.g^{-1}) sont obtenus lorsque les noyaux de dattes sont broyés suivie d'une pyrolyse à 700 °C sous un débit 100 cm^3.min^{-1} d'azote et ensuite activées sous un courant de vapeur d'eau à 700 °C durant 6 heures.

De leur coté, Awwada et al. [54] ont travaillé sur les noyaux de dattes (ND) qui constitue un énorme déchet solide en Egypte et qui ne présente pas une grande valeur économique ou peu, et cet amas de déchet pose un problème pour son élimination. La quantité de (ND) a été estimée à un million de tonnes par an. Des charbons ont été préparés par activation physique et chimique des (ND). La matière première (ND) a été activée physiquement avec de la vapeur d'eau et chimiquement par imprégnation avec 10 % de chlorure ferrique ou d'acétate de calcium. La présente étude porte sur les facteurs influents l'adsorption des polluants tels que Pb^{2+}, Cd^{2+}, Fe^{3+} et Sr^{2+}. Ces ions sont en solution aqueuse et mis en contact avec du charbon actif qui est élaboré à partir des (ND). Le charbon actif est obtenu par pyrolyse à la vapeur d'eau en une seule étape dans un mode batch. L'effet de différents facteurs analytiques tels que le temps de contact, la vitesse d'agitation, la dose du charbon actif, le pH, la concentration initiale en ions métalliques et la température sur la capacité d'adsorption ont été étudiés. L'application de deux modèles Langmuir et Freundlich ont été discutés. Dans ce travail, les analyses et les expériences d'adsorption ont été menées pour caractériser et comprendre le mécanisme d'adsorption par la modélisation de la cinétique d'adsorption. Parallèlement, l'élimination de ces cations des effluents industriels a montré qu'ils étaient affectés par la présence de certains anions, NO_3^-, CO_3^{-2}, SO_4^{-2} et les agents masquant tels que l'acide oxalique et l'EDTA en solution et qui provoquent la complexation de ces anions. Parmi les chercheurs qui ont travaillé sur les déchets cellulosiques.

Hazourli et al. [55] ontvalorisé un résidu naturel ligno-cellulosique provenant des noyaux de dattes du sud Algérien. Après la préparation de la matière première, trois types de charbons sont envisagés. Le premier charbon est carbonisé à 600 °C, les deux autres sont prétraités chimiquement, l'un à l'acide nitrique à 10 % suivi d'une carbonisation à une température de 600 °C et l'autre à l'acide H_3PO_4 (1/1) suivi d'une calcination à 600 °C. Les différents résultats de la caractérisation (taux d'humidité et taux de cendres, surface spécifique, volume poreux...etc) ont montré que les charbons obtenus sont comparables à ceux fabriqués industriellement et pourraient alors être testés par exemple dans les stations de traitement des eaux. Le tableau II.2.4 regroupe les propriétés physicochimiques des charbons préparés.

Tableau II.2.4: Caractéristiques des charbons préparés [55].

Nature du charbon	CAP1	CAP2	CAP3
pH après lavage	7.53	6.89	6.68
Taux de cendre (%)	4.00	6.00	7.00
Taux d'humidité (%)	9.00	6.00	7.00
Potentiel Zéta (mV)	-20.70	-24.20	-26.70
Surface spécifique ($m^2.g^{-1}$)	750	950	1100
Volume poreux ($cm^3.g^{-1}$)	0.60	0.75	0.85

Dans un autre travail, Mbaye Gueye et al. [56] ont élaboré plusieurs adsorbant à base de noix de coco, coques d'arachide et de Jatropha ainsi que du bois de Jatropha en se basant sur une approche par plans d'expérience. Leur travail a porté sur l'optimisation des différents paramètres (température de pyrolyse, vitesse de chauffe, concentration de l'agent activant) qui ont une influence sur le type de charbons actifs obtenus. L'étude expérimentale rend compte du rendement en charbon actif et de l'indice d'iode. L'activation avec l'acide H_3PO_4 à 10 % et une pyrolyse à 400 °C avec une vitesse de chauffe de 10 °C.mn^{-1} permettait d'élaborer les meilleurs charbons actifs en termes de rendement : 71 %, 76 %, 70 % et 68 % respectivement pour les coques d'arachide, les coques de Jatropha, les noix de coco et le bois de Jatropha. Les meilleurs résultats concernant l'indice d'iode sont obtenus dans des conditions différentes, 880 et 663 mg.g^{-1} respectivement pour les coques d'arachide et Jatropha. Pour les charbons actifs issus de noix de coco le meilleur indice d'iode est obtenu pour l'essai 8 avec 690 mg.g^{-1} et avec le bois de jatropha, le meilleur indice d'iode est obtenu à l'essai 5 avec une valeur de 859 mg.g^{-1}. Le tableau II.2.5 regroupe les résultats des caractéristiques physico chimiques des adsorbants préparés

Tableau. II.2.5: Caractéristiques des adsorbants [56].

Biomasses	Humidité (%)	Cendre (%)	Volatiles (%)	Carbone fixe (%)	C (%)	H (%)	N (%)
Noix de coco	4 .01	0.37	77.17	22.46	46.1	6.3	0.21
Coque d'arachide	5.55	3.71	73.55	22.74	41.10	5.90	1.05
Coque de jatropha	12.87	15.75	68.45	15.80	32.6	5.60	1.43
Bois de jatropha	5.22	3.83	77.30	18.87	42.20	6.30	0.32

Drissa Bamba et al. [57] ont aussi étudié les performances des coques de noix de coco, qui sont des déchets difficilement biodégradables. Elles sont abondantes dans les pays tropicaux et particulièrement en Côte d'Ivoire. Cependant, malgré les potentiels comme source d'énergie qu'elles présentent et la possibilité de leur utilisation dans le traitement des eaux, elles sont peu étudiées. La Côte d'Ivoire continue d'importer le charbon actif utilisé dans le domaine de la chimie analytique. Dans le souci de valoriser les ressources naturelles de la Côte d'ivoire, des charbons actifs ont été préparés à partir de coques de noix de coco suivant les deux modes d'activation (physique et chimique). Ces matériaux présentent un mélange de méso et de micro porosités. Les surfaces spécifiques obtenues sont comprises entre 200 et 1300 m^2.g^{-1}. Les études cinétiques d'élimination du Diuron ont révélé que ces charbons présentent une bonne capacité de rétention de ce polluant.

Le Diuron est un produit phytosanitaire qui possède un effet herbicide. Les charbons activés physiquement présentent une meilleure diffusion par rapport à ceux obtenus par la méthode chimique. La surface spécifique et la quantité de matière nécessaire pour recouvrir entièrement la surface du solide d'une couche mono moléculaire d'adsorbât obtenues pour chaque charbon préparé sont données dans le tableau II.2.6.

Tableau II.2.6: Caractéristiques des charbons préparés [57].

Mode d'activation	Physique Temps de plateau			Chimique Ratio massique (KOH/Charbon)			
	1 heure	2heures	3heures	1/2	3/4	1/1	3/2
Masse obtenue (g)	6.80	3.52	5.47	7.34	7.31	6.82	6.69
Rendement (%)	45.33	23.47	29.8	73.40	73.10	68.20	66.90
q_{max} (m mol.g^{-1})	5.29	13.42	8.07	2.99	4.70	3.83	6.82
S_{BET} (m^2.g^{-1})	515.9	1310.13	787.8	291.74	459.10	373.54	665.79

Un autre précurseur est actuellement largement étudié par différents chercheurs à travers le monde, notamment en Turquie, Iran, Algérie, Pakistan et la Roumanie. Par exemple, Mouni et al. [58] ont préparé un charbon actif à faible coût à base de noyaux d'abricots (ASAC) activés chimiquement avec l'acide sulfurique. Ils ont évalué cet adsorbant sur l'élimination de Pb^{2+} en solution aqueuse. L'ASAC présente une forte capacité d'adsorption de Pb^{2+} pour des solutions de faibles concentrations en Pb^{2+}. Les paramètres étudiés comprennent les propriétés physiques et chimiques de l'adsorbant, le pH, la dose d'adsorbant, le temps de contact et les concentrations initiales. Le pH optimal requis pour le maximum d'adsorption est le pH 6.0. Les données de la cinétique d'adsorption ont été modélisées en utilisant les modèles de pseudo-premier et de pseudo-second ordre. Les résultats indiquent que le modèle de second ordre décrit mieux les données expérimentales de la cinétique d'adsorption. Les modèles de Langmuir et Freundlich décrivent mieux l'isotherme d'adsorption. La capacité maximale du plomb adsorbé par ASAC vaut 21.38 mg.g^{-1}. L'adsorbant ASAC provenant de ce matériau est considéré comme un produit économique pour l'élimination des ions métalliques des eaux de rejets. Les caractéristiques de l'adsorbant et la modélisation sont donnés dans les tableaux (II.2.7 et II.2.8).

Tableau II.2.7: Caractéristiques de l'adsorbant [58].

Paramètres	Charbon actif
Volume du pore $(cm^3.g^{-1})$	0.192
Surface BET $(m^2.g^{-1})$	393.2
Indice d'iode $(mg.g^{-1})$	154
Indice du bleu de méthylène $(mg.g^{-1})$	91
Densité apparente $(g.cm^{-3})$	0.81
Surface du groupe fonctionnel acide $(m.mol.g^{-1})$	0.78
BET (granulométrie utilisée 250-125 μm).	

Tableau II.2.8: Modélisation de l'isotherme [58].

Métal	Modèle de Langmuir			Modèle de Freundlich		
	K_L $(L.mg^{-1})$	q_{max} $(mg.g^{-1})$	R^2	K_F $(L.g^{-1})$	$1/n$	R^2
Pb^{+2}	21.123	21.38	0.984	21.123	0.4385	0.999

Soleimani et al. [59] ont aussi travaillé sur le noyau d'abricot d'Iran pour la rétention de l'or contenu dans les eaux usées de galvanoplastie. L'effet des paramètres tels que la dose, la granulométrie de l'adsorbant, le pH et la vitesse d'agitation du mélange sur la récupération de l'or a été étudié. Les résultats ont montré que, dans les conditions optimales de fonctionnement plus de 98 % des ions aureus ou auriques ont été adsorbés sur le charbon actif au bout de 3 h. En outre, l'or adsorbé pourrait être récupérer à partir de cet adsorbant par une méthode adéquate. Le procédé implique un contact d'un adsorbant chargé en or avec une base forte à une température ambiante, suivi par une élution avec une solution aqueuse contenant un solvant organique. Il a été constaté que les coquilles dures actives des noyaux d'abricots possèdent la capacité de remplacer le charbon actif commercial importé et couteux dans les procédés d'adsorption de l'or. Le tableau (II.2.9) regroupe les caractéristiques des charbons préparés.

Tableau II.2.9: Propriétés physiques et chimiques des charbons préparés [59].

Analyse	C	H	N	Surface spécifique	Volume des pores	Indice du BM	Masse Vol
	%	%	%	$(m^2.g^{-1})$	$(mL.g^{-1})$	$(mg.g^{-1})$	($kg.m^{-3}$)
HSAS	78.81	2.42	0.23	1387	0.954	669	451.5
C2	92.10	0.54	0.18	1078	0.804	590	487.6
C3	87.29	0.62	0.35	900	0.363	617	477.0
C4	87.22	0.49	0.37	1050	0.892	836	500.0

Par ailleurs, Kazemipour et al. [60] ont préparé des charbons préparés à partir de coquilles de noix, noisette, pistache, amande et d'abricot. Ils les ont testés sur la rétention du cuivre, zinc, plomb et cadmium en solution aqueuse. Toutes les coquilles ont été broyées, tamisées pour obtenir une poudre ayant une gamme de taille définie, ensuite cette elle est calcinée dans un four. Le temps et la température de chauffage ont été optimisés à 15 min et à 800 °C. Les adsorbants fabriqués retiennent une quantité élevée en métaux lourds et les paramètres d'élimination ont été optimisés. Les paramètres optimaux sont : un pH compris entre 6 et 10, un débit de 3 mL.min^{-1} et 0.1 g d'adsorbant. La capacité du charbon actif à retenir les métaux lourds augmente avec le temps jusqu'à l'équilibre. Ce charbon actif possède une bonne capacité d'adsorption pour les cations des métaux lourds contenus dans les eaux de rejet, et particulièrement pour celles contenant du cuivre. Les résultats obtenus sur des eaux de rejet d'usine sont conformes à ceux obtenus à l'échelle du laboratoire où l'eau de rejet est préparée.

Someda et al. [61] ont aussi utilisé des coquilles de noyaux d'abricot qu'ils ont carbonisé sous certaines conditions thermiques, pour produire des absorbants ayant une affinité quantitative permettant de piéger certains noyaux radioactifs et chimiques. L'adsorbant a montré une stabilité thermique jusqu'à 500 °C. Les spectres de diffraction RX montrent que l'absorbant est principalement de structure amorphe. Le charbon analysé présente une teneur prédominante des centres acides à la surface avec des propriétés hydrophiles. Le point isoélectrique (pH$_{PZC}$) a été déterminé et vaut 4.2 ceci lui confère une nature acide de la surface absorbante. La sorption du Cs$^+$, Co^{2+} et Eu^{3+} sur l'adsorbant préparé a été étudié dans en solution aqueuse pour différentes variables et la capacité de sorption varie de 0.23 à 1.15 meq.g^{-1}. Les résultats de la caractérisation de l'adsorbant sont consignés dans le tableau (II.2.10).

Tableau II.2.10: Caractéristiques physicochimiques de l'adsorbant [61].

Caractéristiques	Noyau d'abricot
Surface Spécifique ($m^2.g^{-1}$)	8580
Volume moyen des pores μm	5.239
Diamètre moyen des pores μm	0.089
Masse volumique ($g.cm^{-3}$)	0.858
Densité du solide ($g.cm^{-3}$)	0.636
Porosité (%)	25.85
Granulométrie (mm)	0.125-0.09

Sentorun-Shalaby et al. [62] ont de leur coté préparé des charbons actifs à base de noyaux d'abricot provenant de Malatya (Turquie), par un processus de pyrolyse/activation à la vapeur en une seule étape. Ces composés préparés dans ces conditions sont caractérisés par une structure poreuse. Trois types de noyaux d'abricot se distinguent par leur teneur en soufre, en raison des différents procédés de séchage. Ils ont été choisis pour étudier l'effet du soufre dans la production du charbon actif. L'effet des variables de processus, tels que la température d'activation, le temps d'immersion, et la gamme de la taille des particules a été étudié sur ces échantillons. La température d'activation est située entre 650 et 850 °C, et le temps d'activation est compris entre 1 et 4 h. Les charbons actifs ont été caractérisés par BET, porosimètre, composition élémentaire et indice d'iode. Le comportement de carbonisation des noyaux d'abricots a été étudié par analyse thermogravimétrique.

La microscopie électronique à balayage (MEB) a été utilisée pour suivre l'évolution de la texture de carbone lors de l'activation. Les résultats expérimentaux ont montré que les charbons obtenus dans les mêmes conditions d'activation présentent des différences dans leurs structures poreuses d'adsorption en raison de leur teneur en soufre ce qui conduit à des caractéristiques différentes. La surface maximale obtenue par BET est de ($1092 \ m^2.g^{-1}$) pour le charbon ayant une faible teneur en soufre (0.04 %) avec une taille de particules variant de 1 à 3.35 mm dans les conditions d'activation (800 °C , 4 h).

Ces résultats montrent que la production commerciale de charbon actif poreux à partir des noyaux d'abricot de Malatya est très faisable en Turquie.

Razvigorova et al. **[63]** ont établi que le charbon actif obtenu à partir de noyaux d'abricots et de lignite, par pyrolyse dans un flux de vapeur d'eau (procédé VOP) peut être utilisé pour l'enlèvement du tri-halo-méthane de l'eau traitée avec du chlore, ainsi que des ions Pb^{2+} et Zn^{2+} dans l'eau potable. En effet, la nature chimique de la surface du charbon favorise d'une manière très marquée la sorption d'ions métalliques. Le charbon obtenu par activation à la vapeur lorsqu'il est utilisé pour la purification de l'eau favorise la formation de nitrites et cet obstacle peut être éliminé par une oxydation chimique par des agents réducteurs.

Özçimen et al. **[64]** ont aussi élaboré des charbons actifs à partir de coquilles de noisettes et de noyaux d'abricots. Ces charbons ont été utilisés comme adsorbants pour l'élimination des ions Cu^{2+} en solution aqueuse. Les études d'adsorption ont été réalisées en faisant varier la concentration initiale de l'ion métallique, la température et le pH. La quantité de Cu^{2+} adsorbé augmente avec la température, le pH et la concentration initiale en ions Cu^{2+}. Les données de l'isotherme d'adsorption ont été modélisées par les modèles de Freundlich et Langmuir et les paramètres des modèles ont été déterminés pour deux charbons actifs. Le modèle de Freundlich présente un meilleur ajustement des données d'adsorption, ceci est confirmé par la valeur du coefficient de corrélation comparé à celui obtenu avec le modèle de Langmuir. Les propriétés physiques et chimiques de la coquille de noisette, de noyau d'abricot et les valeurs des paramètres de modélisation de la cinétique d'adsorption sont données, respectivement, dans les tableaux (II.2.11, II.2.12 et II.2.13).

Tableau II.2.11: Propriétés des adsorbants étudiés **[64]**.

Propriétés	Coques de noisettes	Noyaux d'abricot
Surface spécifique ($m^2.g^{-1}$)	646.80	813.69
Diamètre moyen des pores (nm)	34.00	34.70
Volume total des pores ($mL.g^{-1}$)	0.349	0.427
Indice diode ($mg.g^{-1}$)	276.0	400.0
Densité apparente ($g.mL^{-1}$)	0.88	0.80

Tableau II.2.12: Modélisation des isothermes [64].

Température (K)	pH	Freundlich			Langmuir		
		K_F (mg.g^{-1})	n	R^2	q_{max} (mg.g^{-1})	$K_L 10^{-4}$ (L.mg^{-1})	R^2
Coques de noisettes							
290	2	0.013	0.85	92.28	17.36	2.07	91.27
	5	0.037	0.89	92.55	66.22	9.68	94.97
308	2	0.023	0.84	95.33	68.96	7.14	90.61
	5	0.039	0.93	96.87	70.92	7.44	96.56
Noyaux d'abricot							
290	2	0.017	0.80	96.58	47.62	10.80	89.35
	5	0.032	0.71	93.30	25.77	2.52	84.29
308	2	0.018	0.81	92.12	23.64	2.45	92.38
	5	0.053	0.94	95.99	48.01	16.35	97.63

Tableau II.2.13: Modélisation de cinétique d'adsorption [64].

Adsorbants	Pseudo-premier ordre				Pseudo-second ordre		
	$q_{e,exp}$ (mg.g^{-1})	$q_{e,cal}$ (mg.g^{-1})	k_1 (L.min^{-1})	R^2	$q_{e,cal}$ (mg.g^{-1})	k_2 (g.mg^{-1}. min^{-1})	R^2
Coques de noisettes	90.8	21.56 0.915	0.026		90.91	1.92 $\cdot 10^{-3}$ 0.98	
Noyaux d'abricot	98.0	26.36 0.932	0.019		100	1.96 $\cdot 10^{-3}$ 0.99	

Références bibliographiques du chapitre II
(Etude bibliographique)

[1] I. Gaballah, G. Kilbertus, Recovery of heavy metal ions through decontamination of synthetic solutions and industrial effluents using modified barks, J. Geochemisry Exploration .V 62 **(1998)** 241-286.

[2] O. Jr Karnitz, L. Vinicius Alves Gurgel, J. C Perin de Melo, V. R Botaro, T. M Sacramento Melo, R. P. de Freitas Gil b, L. F. Gil, Adsorption of heavy metal ion from aqueous single metal solution by chemically modified sugarcane bagasse, Bioresource Technology V 98 **(2007)** 1291-1297.

[3] C.E Chitour, Physico-chimie des surfaces. O.P.U, V 2 **(1992)** Alger.

[4] F.C WU, R.L Tseng, R.S Juang, Kinetic modeling of liquid-phase adsorption of reactive dyes and metal ion on chitosane Water Research, V 35 **(2001)** 613-618.

[5] P. Scheitzer, Technique Separation for Chemical Engineering Edition Mc Graw. Hill **(1979)**, New-YorK.

[6] F.E Edeline, Epuration physicochimique des eaux. Edition Lavoisier **(1992)** Paris.

[7] J.C Caraschi, F. Campana, S.P Curvelo, A.A.S Preparacao, Caracterizacao de Polpas para dissolucao obtidas a partir de bagaço de cana-de-açúcar: Ciência Tecnologia de Alimentos V 31 **(1996)** 24-29.

[8] B. Xiao, X.F Sun, R. Sun, The chemical modification of lignins with succinic anhydride in aqueous systems. Polymer Degradation and Stability V 71 **(2001)** 223-231.

[9] M. F Sawalha, J. R Peralta-Videa, J. Romero-Gonzalez, M. Duarte-Gardea, J. L Gardea-Torresdey, Thermodynamic and isotherm studies of the biosorption of Cu (II), Pb (II), and Zn (II) by leaves of saltbush (Atriplex canescens), Jourrnal Chemistry. Thermodynamic, V 39 **(2007)** 488-492.

[10] C. Chitour, physico-chimie des surfaces, Edition OPU, V2 **(2004)** Alger.

[11] .M.E Argun, S. Dursun, C. Ozdemir, M. Karatas, Heavy metal adsorption by modified oak sawdust: Thermodynamics and kinetics, J. of Hazardous Materials, V 141 **(2007)** 77-85.

[12] R.R Navarro, K. Sumi, N. Fujii, M. Matsumura, Mercury removal from wastewater using porous cellulose carrier modified with polyethylene amine. Water Research V 30 **(1996)** 2488-2494.

[13] L. Nkolaiev et E. Brounina, principe de la chimie physique des processus biologiques, Livre Russe **(1973)**, Edition Mir, Moscou.

[14] G. Limousin, J.P Gaudet, L. Charlet, S. Szenknet, V. Barthèse, M. Krimissa, Sorption isotherms: a review on physical bases, modelling and measurement, Applied Geochemistry, V 22 **(2007)** 249-275.

[15] K. Kaikake, K. Hoaki, H. Sunada, R. P Dhakal, Y. Baba, Removal characteristics of metal ions using degreased coffee beans: Adsorption equilibrium of Cd(II), Bioressource Technology V 98 **(2007)** 2787-2791.

[16] R. Desjardins, traitement des eaux. 2e Edition **(1997)** Ecole polytechnique de Montréal.

[17] C.H Giles, T.H. Macewan, D. Smith. Journal of Chemical Society, Part XI **(1960)** 3973-3993.

[18] R. Desjardins, Traitement des eaux 2^{ieme} Edition **(1997)**, Revue et Améliorée de l'école polytechnique de Montréal.

[19] I. Langmuir, The adsorption of gases on plane surfaces of glass, mica and platinum, Journal Am. Chem. Soc., V 40 **(1918)** 1361-1403.

[20] W. J Weber, P. Mc Ginlet, L. E.KTZ, Sorption in subsurface systems concept, models and effects on contaminant fate and transport, Water Research, V 25 **(1991)** 499-528.

[21] H. M. Freundlich, Over the adsorption in solution, J. Phy. Chem., V 57 **(1906)** 385-470.

[22] O. Karnitz, L. Vinicius Alves Gurgel, J. Cesar Perin de Melo, V. R. Botaro, T. M. Sacramento Melo, R. Pereira de Freitas Gil, L. F. Gil, Adsorption of heavy metal ion from aqueous single metal solution by chemically modified sugarcane bagasse. Bioresource Technology V 98 **(2007)** 1291-1297.

[23] M.J Temkin and V. Pyzhev, Recent modifications to Langmuir isotherms, Acta Physicochimica. U.R.S.S, V 12 **(1940)** 217-222.

[24] M. E Argun, S. Dursun, C. Ozdemir, M. Karatas, Heavy metal adsorption by modified oak sawdust : Thermodynamics and kinetics, J. of Hazardous Materials, V 141 (2007) 77-85.

[25] N.R Axtell, S.P.K Sternberg, K. Claussen, Lead and nickel removal using microspora and lemna minor, Bioresource Technology. V 89 (2003) 41-48.

[26] O. Hamdaoui, E. Naffrechoux, Modeling of adsorption isotherms of phenol and chlorophenols onto granular activated carbon, Journal Hazardouz Materials V 147, Issues 1-2, (2007) 381-394.

[27] F. M Sawalha, J. R Peralta-Videa, J. Romero-Gonzalez, M. Duarte- Gardea, L. Jorge Gardea-Torresdey, Thermodynamic and isotherm studies of the biosorption of Cu (II), Pb (II), and Zn (II) by leaves of saltbush (Atriplex canescens), Journal Chem. Thermodynamics, V 39 (2007) 488-492.

[10] S.E Chitour, Chimie des surfaces, Introduction à la catalyse, Edition OPU (1981) Alger.

[29] K. Fujiwara et al., Adsorption of platinum (IV), palladium (II) and gold (III) from aqueous solutions onto l-lysine modified cross linked chitosan resin, Journal Hazardouz. Materials V 146, Issues 1-2, (2007) 39-50.

[30] W.J Weber and J.C Morris, Kinetics of Adsorption on carbon from solution. Journal of Sanitary Engineering. Division ASCE 89, 31 (1963).

[31] Q. Zhang, J.C Crittenden, K. Hristovski, D.W Hang and P. Westerhof. User homogeneous surface diffusion model for different Activated carbon dosages. Water Research 43, 7 (2009) 1859-1866.

[32] S. Lagergren, About the theory of so-called adsorption of soluble substances. K. Sven.Ventensskapsakad. Handlingar Band, V 24 (1998) 1-39.

[33] Y.S Ho, G. Mc Kay, The Kinetics of sorption of divalent metal ions onto sphagnum moss peat Water Research V 34, (3) (2000) 735-742.

[34] Y.S. Ho, G. Mc Kay, Pseudo-second order model for sorption processes, Press Biochemistry, V 34, Issue 5, (1999) 451-465.

[35] Ho,Y and G. Mc Kay, The sorption of Lead (II) ion on peat. Water Research, V 33, (2) (1999) 578-584.

[36] F-C.WU, R-L Tseng and R-S. Juang, Kinetics of color removal by adsorption from water using activated clay. Environnemental Technology V 22, Issue 6, (2001) 721-729.

[37] J.R. Weber and J.C. Morris, Kinetics of Adsorption on Carbon from Solution, Journal of Sanitary Engineering Division, American Society Civil Engineering, V 89 (SA2) **(1963)** 31.

[38] M. Sarkara, P.M. Acharya and B. Bhattacharya, Modeling the Adsorption Kinetics of Some Priority Organic Pollutants in Water From Diffusion and Activation Energy Parameters, Journal of Colloid and Interface Science, V 266, N 1, **(2003)** 28-32.

[39] V.C Srivastava, M.M Swamy, D. Malli, B. Prasad and I.M Mishra, Adsorptive Removal of Phenol by Bagasse Fly Ash and activated carbon: Equilibrium, Kinetics and Thermodynamics, Colloids and Surfaces A : Physicochemical and Engineering Aspects, V 272, N 1, **(2006)** 89-104.

[40] D.M Nevskaia, A. Santianes, V. Munoz and A. G Ruizi, Interaction of aqueous solutions of phenol with commercial activated carbons: An Adsorption and kinetic study, Carbon, V 37, N 7, **(1999)** 1065-1074.

[41] W.J Weber, J.C Morris, Kinetics of adsorption of carbon from solutions, Journal Sanitary Engineering. Div. Am. Soc. Civ. Eng. V 89 **(1963)** 31-63.

[42] K. Fujiwara et al., Adsorption of platinum (IV), palladium (II) and gold (III) from aqueous solutions onto l-lysine modified crosslinked chitosan resin, J. Hazard. Mater V 146, Issues 1-2, **(2007)** 39-50.

[43] E.A Deliyanni, E.N Peleka, K.A Matis. Removal of zinc ion from water by sorption onto iron-based nanoadsorbent , Journal of Hazardous Materials V 141 **(2007)** 176-184.

[44] H. Guerrée, Les eaux usées dans les agglomérations urbaines **(1978)**, Eyrolles, Paris.

[45] L.M Sun et F. Meunier   Adsorption: aspect théoriques. **(2007)** Techniques de l'ingénieur, J 2 730.

[46] M. Soleimani, T. Kaghazchi. Adsorption of Gold ions from industrial wastewater using activated carbon derived from hard shell of apricot stones-An agricultural waste Bioresource Technology V 99 **(2008)** 5374-5383.

[47] M. Kazemipour, M. Ansari, S. Tajrobehkar, M. Majdzadeh, H. R. Kermani. Removal of lead, cadmium, zinc, and copper from industrial wastewater by carbon developed from walnut, hazelnut, almond, pistachio shell, and apricot stone. Journal of Hazardous Materials V150 **(2008)** 322-327.

[48] H. H Someda, M. R Ezz El-Din, R. R Sheha. Application of a Carbonized Apricot Stone for the treatment of some radioactive nuclei. Journal of Radioanalytical and Nuclear Chemistry, V 254, N 2 (2002) 373-378.

[49] Source : Our Calcul, FAO STAT Base des données Fournies par la FAO (2007), L'organisation des Nations Unies pour l'agriculture et l'alimentation.

[50] J. Lichou, Comparison of Apricot tree growth and development in 3 French, Growing Area, 5ème Congrès International des Pépiniéristes des Agrumes, Unité de Génétique et d'Amélioration des Fruits et Légumes INRA . J. International Science .Vigne Vin, (2001).

[51] FAO Annulaire de la production, L'Organisation des Nations Unies pour l'Agriculture et l'Alimentation (2012) Edition. FAO Rome.

[52] T. Wigmans, Industrial aspects of production and use of activated carbons. Carbon, V 27 (1989)13-22.

[53] C. Bouchelta,   M. S Medjram,   O. Bertrand,   J.P Bellat. Préparation et caractérisation de charbon actif à partir de noyaux de dattes par activation. Journal of Analytical and Applied

pyrolysis, V82 (2008) 70-77.

[54] N.S Awwada , A.A.M Daifuallah et M. M. S Ali, Removal of Pb^{2+}, Cd^{2+}, Fe^{3+} and Sr^{2+} from aqueous solution by selected activated carbons derived from date pits, Solvent Extraction and Ion Exchange V 26, Issue 6, (2008) 764-78.

[55] S. Hazourli, M. Ziati, A. Hazourli et M. Cherifi, Valorisation d'un résidu naturel ligno-cellulosique en charbon actif. Revue des Energies Renouvelables ICRESD-07, Tlemcen V187 (2007) 187-192.

[56] M. Gueye, J. Blin, C. Brunschwig, Etude de la synthèse des charbons actifs à partir de biomasses locales par activation chimique avec H_3PO_4. Journée scientifique 6^{ieme} Edition (2011) Ouagadougou.

[57] D. Bamba, B. Dongui, A. Trokourey, G. E. Zoro, G. P. Athéba, D. Robert, J.V. Wéber. Etudes comparées des méthodes de préparation du charbon actif. Journal. Societé. Ouest - Afr. Chimie. V 28 (2009) 41-52.

[58] L. Mouni, D. Merabet, A. Bouzaza, L. Belkhiri, Adsorption of Pb^{2+} from aqueous solutions using activated carbon developed from apricot stone. Desalination V 276, Issues 1-3, (2011) 148-153.

[59] M. Soleimani, T. Kaghazchi, Activated hard shell of apricot stones: A promising adsorbent in gold recovery. Chinese Journal of Chemical Engineering 16 (1) **(2008)** 112-118.

[60] M. Kazemipour, M Ansari, S. Tajrobehkar, M Majdzadeh, R.H Kermani, Removal of lead, cadmium, zinc and copper from industrial wastewater by carbon developed from walnut, hazelnut, almond, pistachio shell, and apricot stone. Journal Hazardouz Materials, V 31 **(2008)** 150 (2) 322-327.

[61] H. H Someda, M.R Ezz El- din, R.R. Sheha, H.A.El-Neggar, Application of a carbonized apricot stone for the treatment of some radioactive nuclei. Journal of Radio analytical and Nuclear Chemistry V 254, N 2 **(2002)** 373-378.

[62] C. Sentorun-Shalaby, M.G Ucak-Astarl, Preparation and characterization of activated carbons by one-step steam pyrolysis/activation from apricot stones. Mater microporeux Mesoporous, V 88 **(2006)** 126-134.

[63] M. Razvigorova, T. Budinova, N. Petrov,V. Minkova, Purification de l'eau par des charbons actifs préparés à partir de noyaux d'abricots et anthracite. Water Research V32 Issue 7, **(1998)** 213-2139.

[64] D. Özçimen, A.egül E.-Meriçboyu, Adsorption of copper (II) Ions onto hazelnut shell and apricot stone activated carbons. Adsorption Science and Technology V 28, N 4, **(2010)** 327-340.

PARTIE

EXPERIMENTALE

CHAPITRE. III
PARTIE
EXPERIMENTALE

PARTIE EXPERIMENTALE

I. Méthode d'analyse d'erreurs

Trois essais ont été fait pour chaque mesure pour minimiser les erreurs. Le contrôle par un calcul d'écart type Relative Standard Déviation « RSD » est effectué pour confirmer la reproductibilité de la mesure d'absorbance pour le colorant ou de concentration pour le cobalt. Notons que plus la RSD est faible plus la reproductibilité de la mesure est fiable et l'erreur est faible. La comparaison des modèles de la littérature pour les isothermes d'adsorption et les cinétiques de réaction a été basée sur un calcul statistique de trois paramètres : la racine de l'erreur quadratique moyenne (RMSE), la somme des carrés des résidus (SSE) ainsi que le Khi-carré (X^2).

II. Etude en système batch

Avant toute étude expérimentale en mode continu, une étude en batch doit être faite. A cette fin, nous avons étudié l'influence de plusieurs paramètres opératoires tels que le pH, la granulométrie, la vitesse d'agitation, la dose de l'adsorbant, le temps de contact et la concentration d'adsorbât. Les valeurs optimales de ces paramètres sont utilisées pour la détermination de l'isotherme d'adsorption pour chaque polluant. Des modèles théoriques cinétiques sont appliqués pour décrire les résultats expérimentaux et le type d'isotherme selon la classification. L'étude en mode batch est réalisée dans des béchers de 50 mL dans lesquels est introduit un volume de 20 mL d'une solution de métal « cobalt » ou de colorant « bleu de Coomassie » de concentration connue, préparée à partir d'une solution standard de $1g.L^{-1}$ et une masse connue d'adsorbant. Le mélange est soumis à une agitation magnétique jusqu'à un temps d'équilibre. Après décantation et filtration des solutions, le filtrat est centrifugé à une vitesse de 10 000 $trs.mn^{-1}$ pendant 15 mn à l'aide d'une centrifugeuse de marque « Nüve NF 1200 » pour éliminer toutes les particules en suspension de l'adsorbant. Leur présence peut provoquer des fluctuations des mesures des concentrations résiduelles des polluants.

Le cobalt est sous forme de poudre, il est d'origine Merck. Le colorant bleu de Coomassie de pureté 99.99 % est de Labosi. L'acide phosphorique est pur à 85 % et de masse volumique 1.689 $g.mL^{-1}$, c'est un produit d'origine Merck. Ces produits sont utilisés sous leur présentation commerciale.

III. Méthodes d'analyse

III.1. Spectrophotométrie UV-Visible

Le spectrophotomètre UV-Visible utilisé pour la détermination des concentrations résiduelles du colorant est de type « Perkin Elmer 550S », il est muni d'une cuve de 1 cm de largeur. Un simple balayage de la longueur d'onde compris entre 330 et 800 Å nous permet de déterminer la longueur d'onde d'absorbance maximale « λ_{max} », elle vaut 595 nm. La courbe d'étalonnage est réalisée à cette longueur d'onde, elle obéit à la loi de Beer-Lambert pour des concentrations comprises entre 0 et 40 mg.L^{-1}. Les concentrations résiduelles du colorant sont déterminées à partir de la courbe d'étalonnage qui a pour équation : Abs = 0.03213 C − 0.00216, dont le coefficient de détermination R^2 vaut 0.998.

III.2. Spectrométrie d'absorption atomique

La spectrométrie d'absorption atomique utilisée pour la détermination des concentrations résiduelles en cobalt est de type FAAS « Flamme Atomic Absorption Spectrometry » de marque « Perkin Elmer 2380 ».

Le principe de cette méthode repose sur la loi de Beer-Lambert qui établit une proportionnalité entre la concentration d'un constituant dissous et une grandeur facilement quantifiable qui est l'absorbance. La détermination des concentrations résiduelles du cobalt est déduite de la courbe d'étalonnage dans le domaine de concentrations variant de 0 à 3 mg.L^{-1} établi pour le cobalt à la longueur d'onde d'absorption maximale « $\lambda_{max} = 240$ nm ». Notons que la gamme de concentrations choisie pour l'étalonnage est en fonction de la sensibilité de l'équipement vis-à-vis de l'élément à analyser. L'équation analytique déduite du graphe est : Abs = 0.05258 C + 0.00207, dont le coefficient de détermination R^2 est égal à 0.9978.

III.3. Spectroscopie infrarouge à transformée de Fourrier

Le spectrophotomètre infrarouge IRTF-ATR utilisé pour la détermination des fonctions principales de l'adsorbant est de marque « FT Bomen-Michelson Type Canada ». L'analyse est effectuée sur des pastilles de 1 cm de diamètre et de 2 mm d'épaisseur obtenues par un mélange de 2 mg de l'adsorbant avec 98 mg de KBr.

L'enregistrement du spectre absorbance en fonction du nombre d'onde A= f $(1/\lambda)$ permet de mettre en évidence la présence des bandes caractéristiques de l'adsorbant.

III.4. Microscopie électronique à balayage

La microstructure de l'adsorbant avant et après les tests d'adsorption à différents grossissement de 100 jusqu'à 500 fois l'échantillon observé est obtenu par l'intermédiaire d'un microscope électronique à balayage (M.E.B) de type « JOEL-5910 ». Il permet de voir la répartition des cavités et les sites permettant la fixation du polluant par les forces d'attraction électrostatiques. Le principe de la technique est basé sur la focalisation d'un faisceau lumineux vers l'échantillon à travers un système optique composé de fentes, l'échantillon absorbe une certaine quantité de la lumière due au phénomène d'absorption et réfléchit une autre quantité grâce à son pouvoir réflecteur. Cette réflexion dépend de la composition et de la nature de l'échantillon, elle se traduit par des contrastes de différentes intensités formant ainsi des images. Cette analyse nous renseigne sur la forme, la couleur et la microstructure des différentes phases formées.

III.5. Diffraction des rayons X

L'analyse par diffraction des rayons X a été réalisée à l'aide d'un diffractomètre à comptage digital de marque « Philips X-Ray Diffractometer of PW 1890 Model ». L'analyse DRX permet de connaitre l'état cristallin ou amorphe de l'adsorbant par un simple balayage rapide du goniomètre entre 5 et 140 degré. Ce diffractogramme permet de localiser le domaine d'angle contenant les pics caractéristiques, une fois ce domaine repéré, un balayage long du goniomètre est effectué pour déterminer avec précision les angles correspondants aux pics spécifiques. L'identification des phases de l'échantillon se fait par comparaison aux fiches indexées dans la banque de données. Notons que la présence des pics pour des angles donnés confirme l'état cristallin, par contre l'absence de pics confirme l'état amorphe de l'échantillon.

III.6. Analyse élémentaire

L'analyse élémentaire de l'adsorbant préparé à base de noyaux d'abricot est effectuée à l'aide d'un microanalyseur de marque « LECO-CHNS 932 » muni d'une balance électronique et d'un régulateur de température programmable. Cette analyse permet de déterminer la composition en pourcentage de l'échantillon en éléments : carbone, hydrogène, azote, soufre et de déduire le pourcentage en oxygène. Néanmoins, pour la plupart des composés organiques et minéraux, ils présentent une prédominance de l'élément carbone, et une faible quantité d'azote.

III.7. Technique de Brunauer, Emmett et Teller « BET »

Les surfaces spécifiques, le volume et le diamètre moyen des pores des adsorbants : Noyaux d'Abricots Traités à l'Acide (NATA) et Noyaux d'Abricots Non-Traités (NANT) sont déterminées par la technique B.E.T en utilisant de l'azote à 77 K. L'appareil utilisé est de type « Pore Size Micrometric - 9320, USA », selon l'interprétation des courbes de sorption et de désorption obtenues par les douze points de mesure effectuée dans des conditions expérimentales de température et le temps de dégazage bien définis.

IV. Procédé expérimental

IV.1. Préparation de l'adsorbant

L'adsorbant est préparé à partir de noyaux d'abricots provenant de la région de Boumerdès (année 2011). Les noyaux d'abricots sont préalablement nettoyés puis séchés en premier lieu à l'air libre. Un deuxième nettoyage est effectué à l'eau distillée ensuite, ils sont séchés à l'étuve à 110 °C durant 24 heures. Les coquilles sont cassées puis broyées à l'aide d'un broyeur de marque « SK 100 Retsch », la durée du broyage dépend de la masse à broyer. Un dégagement de chaleur est noté à cause de la dureté des coquilles. Un léger changement de couleur est observé (elle passe de beige clair au marron clair) quand le temps de broyage est élevé. La poudre obtenue est tamisée à l'aide d'une tamiseuse électrique de marque « ELM 200 dp Haver » contenant plusieurs tamis de granulométries différentes allant de 63 µm à 2 mm.

IV.2. Activation chimique

Après broyage et tamisage, la poudre obtenue est imprégnée dans l'acide phosphorique. Le rapport massique adsorbant/acide est de 60/100, le mélange obtenu est remué à l'aide d'une baguette de verre pour homogénéiser le mélange et favoriser le contact, puis le mélange est laissé pendant 24 heures. Après filtration, cette poudre subit plusieurs lavages à l'eau pour éliminer totalement l'acide. Le pH des eaux de lavage est mesuré régulièrement. Il augmente progressivement avec le nombre de lavage jusqu'au pH 5.75. Les derniers lavages sont effectués à l'eau chaude puis à l'eau bi-distillée jusqu'à ce que le pH de l'eau du dernier lavage soit égal à celui de l'eau bi-distillée utilisée (pH : 6.85).

La poudre récupérée après les lavages est très humide, elle est soumise à un séchage dans l'étuve à 110 °C pendant 10 heures. La calcination de cette poudre sèche se fait dans un four à moufle de type « L/LT Série Naber-Therm Maximum 1200 °C » à une température de 250 °C pendant 6 heures.

Le produit obtenu après calcination est un mélange de poudre, de grains et de lingots formés de plusieurs grains collés les uns aux autres de couleur noire. Ce mélange est broyé dans un mortier en agate pour l'homogénéiser, puis il est tamisé à l'aide de la tamiseuse.

Le traitement chimique et la pyrolyse ont un rôle important dans le développement de la porosité et de la texture d'un adsorbant. Le pouvoir d'adsorption est amélioré grâce à l'augmentation de la dimension des pores en surface et en profondeur.

IV.3. Stockage

L'adsorbant obtenu se présente sous différentes granulométries après tamisage, ils sont conservés dans des flacons fermés hermétiquement pour l'étude de l'influence de la granulométrie sur la capacité d'adsorption des polluants.

Le tracé de la courbe capacité d'adsorption en fonction de la taille des grains d'adsorbant permet de déduire la taille optimale donnant le meilleur rendement d'élimination du polluant. La poudre de taille optimale est conservée jusqu'à utilisation, en faisant préalablement un séchage à l'étuve à 110 °C.

La figure (III.1) représente les principales étapes de la préparation de l'adsorbant.

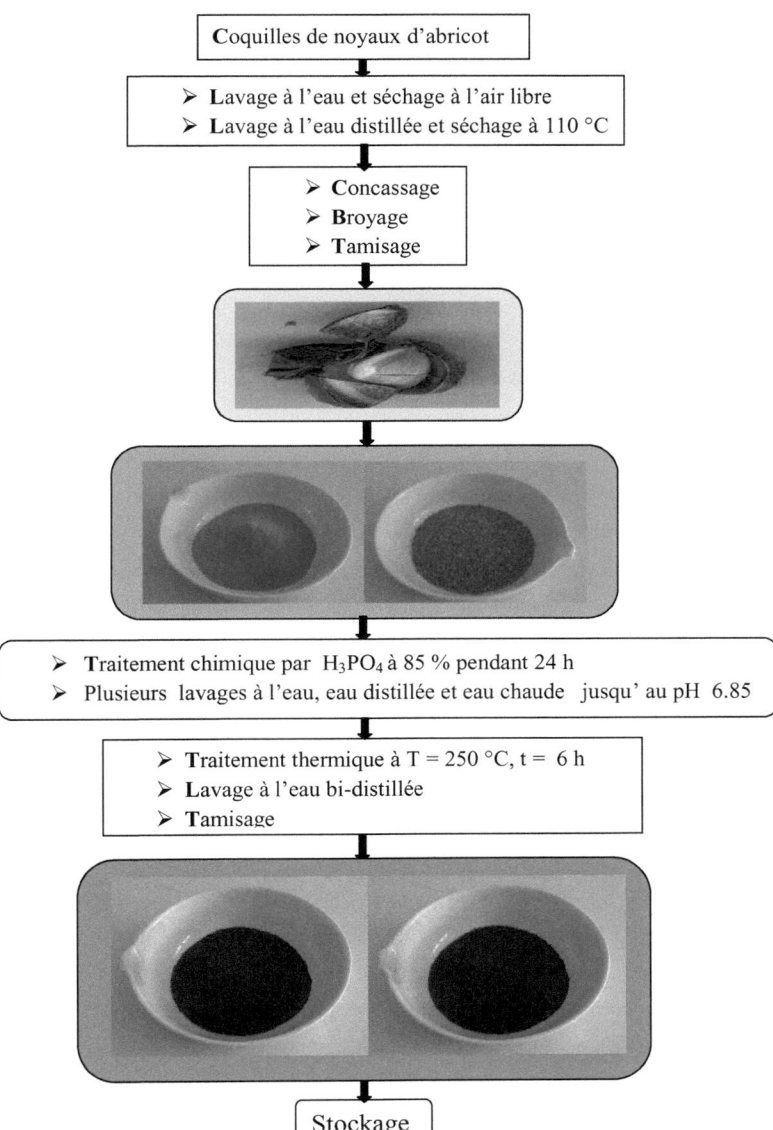

Figure III.1: Protocole de préparation de l'adsorbant

V. Détermination des paramètres de l'adsorbant

V.1. Taux d'humidité « H » et la teneur en eau « T »

Le taux d'humidité est un paramètre qui peut être déterminé par une simple expérience en suivant la perte de masse en fonction du temps à une température de 105 °C, ou par mesure à l'aide d'un appareil à chauffage laser type « Thermo-Contrôl Sartarius ». Dans le cadre de ce travail les mesures sont effectuées par les deux méthodes et les résultats obtenus présentent une bonne corrélation. Une prise d'essai de masse m_o de la poudre du noyau d'abricot non traité « NANT » est introduite dans une capsule en porcelaine de masse P_o, la masse totale capsule et masse m_o est noté P_1. Il est séché à l'étuve pendant deux heures. Après séchage la capsule et son contenu sont laissés refroidir dans un dessiccateur pendant 15 minutes, puis le masse P_2 de la capsule et la masse initiale après séchage est pesée à nouveau. La différence entre la masse initiale et la masse finale par rapport à la masse initiale (humide) et sèche (finale) permettent de déduire le taux d'humidité et la teneur en eau respectivement. La mesure du taux d'humidité par chauffage laser consiste à introduire une masse m_o (g) dans une capsule dans un appareil muni d'une balance électronique et d'un régulateur de température. Le chauffage laser est effectué durant 17 minutes. Le poids de la masse sèche est le taux en humidité sont affichés automatiquement sur l'écran.

V.2. Taux des cendres et pourcentage de la matière organique (NATA)

V.2.1. Taux des cendres

Le taux des cendres est un critère très utilisé pour la détermination de la contamination en produits inorganiques dans le matériau de départ. Lorsque le pourcentage des cendres est élevé il est conseillé de nettoyer le produit de départ. Il est à signaler que la température à fixer pour la détermination de ce paramètre varie généralement en fonction de la nature de l'échantillon , elle varie de 400 jusqu'à 1000 °C pendant une durée allant jusqu'à 16 heures, et parfois le traitement se fait par palier de température. Une prise d'essai de masse m_0 (g) de l'adsorbant NATA de granulométrie donnée est introduite dans un creuset en porcelaine de masse P_o (g) propre. La masse totale du creuset et la prise d'essai après séchage dans une étuve à une température de 110 °C pendant 12 heures est noté P_1 (g). Le creuset contenant la masse

m_o est placé dans un four à moufle à une température de 550 °C pendant 6 heures jusqu'à ce que la couleur devienne blanchâtre. Le creuset est retiré puis laissé refroidir dans un dessiccateur pendant 15 minutes. Ce refroidissement est très important pour une reproductibilité de la mesure de la masse P_2 (creuset contenant les cendres).

V.2.2. Pourcentage de la matière organique

Le pourcentage de la matière organique MO (%) est donné par les relations (1 et 2).

$$MO\ (\%) = [(P_1-P_2) / (P_1 - P_o)] \times 100 \qquad (1)$$

$$MO\ (\%) = [(m_o- m') / m_o] \times 100 \qquad (2)$$

m_o (g) : masse initiale avant séchage, prise d'essai

m' (g) : masse obtenue après traitement à 550 °C, m' est inférieure à m_o

P_o (g) : masse de la capsule vide

P_1 (g) : masse de la capsule contenant la masse initiale m_o, avant séchage

P_2 (g) : masse de la capsule contenant la masse initiale m', après séchage

Le taux des cendres (%) est donné par la relation (3).

$$\text{Taux des cendres }(\%) = 100\ \% - MO\ (\%) \qquad (3)$$

V.3. Mesure des masses volumique apparente $\rho_{(apparente)}$, et réelle $\rho_{(réelle)}$ et l'indice de porosité I_p

Une quantité de biomasse NANT est pesée ensuite placée soigneusement à l'aide d'un entonnoir dans une éprouvette graduée. On note le volume de la biomasse NANT avant tassement (volume apparent) V_1 et après tassement (volume réel) V_2. La connaissance de la masse et du volume permet de déduire la masse volumique. Ces mesures nous permettront de calculer les masses volumiques apparente $\rho_{(apparente)}$ et réelle $\rho_{(réelle)}$, l'indice de porosité est déduit de masses volumiques apparente $\rho_{(apparente)}$ et réelle $\rho_{(réelle)}$.

V.4. Détermination du pH isoélectrique (pH$_{zpc}$)

Le pH de charge nulle (pH$_{zpc}$) du noyau d'abricot traité à l'acide phosphorique concentré « NATA » a été déterminé selon la méthode de Cerovic [10]. Des volumes de

20 mL d'une solution de KNO_3 (0.01 M) sont introduits dans des béchers. Le pH$_{(initial)}$ de chacune des solutions est ajusté à un pH variant de 1 à 14 par ajout de H_3PO_4 ou de NaOH concentré pour éviter l'effet du volume. Une masse de 0.1 g d'adsorbant (NATA) de granulométrie [200-315] μm est introduite dans un bécher où le pH de la solution est fixe. Ces derniers sont soumis à une agitation magnétique (250 trs.mn^{-1}) durant 24 heures à 20 °C. L'agitateur utilisé est un agitateur chauffant multi-poste de type « MultiMix-Cloup » dont la température est comprise entre 30 et 400 °C et une vitesse variant de 200 à 1200 trs.mn^{-1}

Le pH $_{(final)}$ de chaque solution est mesuré après ce temps d'agitation. Le tracé du graphe pH$_{(final)}$ en fonction du pH$_{(initial)}$ nous permet de déterminer le pH$_{ZPC}$ qui correspond au point où la courbe qui donne pH$_{(final)}$ = pH$_{(initial)}$.

V.5. Test de relarguage

Afin de vérifier si l'adsorbant libère des protons dans le milieu réactionnel, un test est effectué en prenant un bécher contenant un volume de 50 mL d'eau bi-distillée de pH égal à 6.86 dans lequel, une masse de 0.1 g d'adsorbant de granulométrie [200-315] μm est introduite. Le mélange est soumis à une agitation magnétique (250 trs.mn^{-1}) à la température de 20 °C durant 4 heures. Le tracé du graphe pH en fonction du temps nous permet de savoir, si l'adsorbant libère ou non les protons en solution. Le pH est mesuré au moyen d'un pH mètre de marque « Hanna Instrument 8521 », étalonné avec des solutions tampons avant de faire les mesures.

ETUDE PARAMETRIQUE

I. Généralités

L'étude paramétrique consiste à optimiser les paramètres qui influent sur la capacité d'adsorption des métaux et des colorants sur un adsorbant préparé à partir d'un déchet alimentaire « le noyau d'abricot » traité par voies chimique et physique. Les paramètres sont les suivants :

- Le pH du milieu et le temps de contact
- La concentration initiale du métal ou du colorant.
- La granulométrie de l'adsorbant.

- La vitesse d'agitation.
- La dose de l'adsorbant.
- L'effet de la masse d'adsorbant sur le pH.
- La température.

Cette étude d'adsorption du cobalt et du colorant « bleu de Coomassie » a été réalisée en mode batch, dont les principales étapes suivies sont résumées ci-après. Pour chaque étude, les conditions de travail seront précisées, et les concentrations résiduelles en colorant « bleu de Coomassie » ou en métal « Cobalt » seront déterminées par le biais des courbes d'étalonnage tracées au préalable. Le paramètre optimal est déduit par le tracé des graphes de la quantité adsorbée en polluant en fonction du paramètre étudié.

II. Préparation des échantillons

La solution standard de cobalt est d'origine « Merck », elle est destinée à la spectrométrie d'absorption atomique. La solution de colorant est préparée à partir d'une poudre de bleu de Coomassie de « Labosi ». L'étude en mode batch est réalisée dans des béchers de 50 ml dans lesquels sont introduits 20 mL de solution de métal ou de colorant de concentration connue, et une masse connue d'adsorbant. Ces solutions sont préparées par dilution à partir d'une solution initiale de 1 g.L^{-1} du polluant. Les solutions obtenues sont soumises à l'agitation magnétique durant un temps d'équilibre. Après décantation et filtration des suspensions, le filtrat est centrifugé dans une centrifugeuse de type « Nüve NF 1200 » à une vitesse de 10000 trs.mn^{-1} pendant 15 mn pour éliminer toutes les particules en suspension de l'adsorbant. La concentration du filtrat est déterminée après chaque test.

III. Calculs des paramètres d'adsorption et les erreurs statistiques

La quantité du métal ou de colorant adsorbée par unité de masse de l'adsorbant au temps (t) et au temps d'équilibre (te) sont calculés respectivement par les équations 4 et 5.

$$q_t = \frac{(c_0 - c_t).V}{m} \tag{4}$$

$$q_e = \frac{(c_0 - c_e).V}{m} \tag{5}$$

Le rendement d'élimination du polluant à un instant (t) et au temps d'équilibre sont calculés respectivement par les équations 6 et 7.

$$R_t = \frac{(C_0 - C_t).100}{C_0} \tag{6}$$

$$R_e = \frac{(C_0 - C_e).100}{C_0} \tag{7}$$

q_t (mg.g^{-1}) : quantité adsorbée par unité de masse de l'adsorbant au temps t

q_e (mg.g^{-1}) : quantité adsorbée par unité de masse de l'adsorbant à l'équilibre t_e

C_0 (mg.L^{-1}) : concentration initiale

C_t (mg.L^{-1}) : concentration résiduelle à l'instant t

C_e (mg.L^{-1}) : concentration initiale à l'équilibre

V (mL) : volume de l'échantillon

En raison de la distorsion inhérente résultant de la linéarisation des isothermes et des modèles cinétiques, le calcul de la racine de l'erreur quadratique moyenne (RMSE) sur des courbes de régression a été utilisé comme critère pour la validité du modèle [11]. L'erreur quadratique est évaluée selon la formule 8.

$$RMSE = \sqrt{\frac{1}{N-2} \sum_{n=1}^{\infty} (qe_{cal} - qe_{exp})^2} \tag{8}$$

avec qe $_{(exp)}$ (mg.g^{-1}) et qe $_{(cal)}$ (mg/g) représentent respectivement les quantités d'adsorption maximales expérimentale et calculée et N représente le nombre d' observations (nombre de points expérimentaux).

La somme des carrés des résidus (SSE) et Khi-carré sont des paramètres statistiques très utilisés pour tester la validité du modèle théorique [12]. Les calculs de ces paramètres sont donnés par les équations 9 et 10.

$$SSE = \frac{1}{N} \sum_{n=1}^{\infty} \left(qe_{cal} - qe_{exp} \right)^2$$

(9)

$$X^2 = \sum_{1}^{N} \frac{(q_{e,exp} - q_{e,cal})^2}{q_{e,cal}}$$

(10)

Le meilleur ajustement de la courbe est observé lorsque l'erreur quadratique moyenne (RMSE) et la valeur (SSE) sont faibles [13].

IV. Etude paramétrique

IV.1. Influence de la granulométrie

La granulométrie possède un effet important sur la capacité d'adsorption, les différentes granulométries obtenues après calcination et tamisage varient entre 63µm à 2 mm. L'étude de l'influence de ce paramètre sur la capacité d'adsorption des polluants sur l'adsorbant nous permet de déterminer la granulométrie optimale qui donne le maximum d'adsorption, cette dernière sera fixée dans les autres tests jusqu'au tracé de l'isotherme d'adsorption du polluant.

L'effet de la granulométrie sur le rendement d'élimination des polluants est étudié dans les conditions expérimentales regroupées dans le tableau III.1.

Tableau III.1: Conditions expérimentales des tests d'adsorptions des polluants en fonction de la granulométrie de l'adsorbant

Paramètres	Cobalt	Bleu de Coomassie
pH	9	2
Concentration initiale C_o (mg.L^{-1})	10	20
Dose de l'adsorbant (g.L^{-1})	5	1.5
Temps de contact (mn)	30	45
Vitesse d'agitation (trs.mn^{-1})	250	300
Température (K)	298	293
Granulométrie (µm)	**Variable**	**Variable**

Le tracé des courbes quantités adsorbées q_e en fonction de la granulométrie, nous permettent de déterminer les granulométries optimales des polluants (cobalt et bleu de Coomassie) qui seront fixées pour la suite de notre étude paramétrique.

IV.2. Influence du pH

Pour étudier l'influence du pH sur la capacité d'adsorption des polluants, des essais d'adsorption des polluants sur le noyau d'abricot traité sont effectués selon les conditions du tableau III.2, mais a des pH variant de 1 à 14. Notons que le pH est ajusté à la valeur souhaitée par ajout de quelques gouttes de H_3PO_4 ou de NaOH très concentré pour éviter l'effet du volume sur la quantité adsorbée.

Tableau III.2: Conditions expérimentales des tests d'adsorptions des polluants en fonction de la variation du pH

Paramètres	Cobalt	Bleu de Coomassie
Concentration initiale C_o (mg.L^{-1})	10	20
Dose de l'adsorbant (g.L^{-1})	5	1.5
Temps de contact (mn)	30	45
Vitesse d'agitation (trs.mn^{-1})	250	300
Température (K)	298	293
Masse d'adsorbant (g.L^{-1})	5	1.5
Granulométrie (µm)	[200-315]	[315-800]
pH	**Variable**	**Variable**

IV.3. Influence de la vitesse d'agitation

Pour déterminer l'influence de la vitesse d'agitation sur la quantité adsorbée, des tests d'adsorptions sont effectués en fixant les valeurs optimales précédemment déterminées telles que : le pH et la granulométrie, la seule variable est la vitesse d'agitation qui varie de 50 à 1250 trs.mn^{-1}. Les conditions expérimentales de travail sont résumées dans le tableau III.3.

Tableau III.3: Conditions expérimentales pour l'étude de l'effet de la vitesse
d'agitation sur la capacité d'adsorption des polluants

Paramètres	Cobalt	Bleu de Coomassie
pH	9	2
Concentration initiale C_o (mg.L^{-1})	30	30
Dose de l'adsorbant (g.L^{-1})	5	5
Temps de contact (mn)	30	45
Température (K)	293	295
Granulométrie (μm)	[200-315]	[315-800]
Vitesse d'agitation (trs.mn^{-1})	**Variable**	**Variable**

La représentation graphique de la quantité adsorbée en fonction de la vitesse
d'agitation permet de déterminer la vitesse optimale nécessaire pour le tracé de
l'isotherme.

IV.4. Influence de la concentration du polluant et du temps de contact

Le temps de contact et la concentration initiale en polluant sont des facteurs qui
influent le rendement de rétention du polluant par l'adsorbant. Cette étude permet de :

- Déterminer le temps d'équilibre qui correspond à la saturation des sites de
  fixation.

- Tirer des conclusions relatives à l'évolution de la capacité d'adsorption en
  fonction de l'augmentation de la concentration du polluant.

- Prévoir l'évolution du taux de fixation de l'adsorbat dans l'adsorbant pendant des
  paliers de temps

Les conditions expérimentales sont résumées dans le tableau III.5, et la
concentration du polluant et le temps varient respectivement de 10 à 100 mg.L^{-1} et de 0
à 120 mn.

Tableau III.4: Conditions expérimentales pour l'étude de l'effet du temps et de la concentration des polluants sur la capacité d'adsorption

Paramètres	Cobalt	Bleu de Coomassie
pH	9	2
Granulométrie (µm)	[200-315]	[315-800]
Dose de l'adsorbant (g.L^{-1})	5	1.5
Vitesse d'agitation (trs.mn^{-1})	250	300
Température (K)	298	295
Concentration initiale C_0 (mg.L^{-1})	**Variable**	**Variable**
Temps (mn)	**Variable**	**Variable**

Les graphes de la quantité adsorbée à différentes concentrations en fonction du temps permettent d'estimer le temps d'équilibre et de déduire l'effet de la concentration sur la capacité d'adsorption.

IV.5. Influence de la dose de l'adsorbant

L'influence de la dose de l'adsorbant consiste à faire varier la concentration de l'adsorbant de 1 à 7 g.L^{-1} pour le colorant et de 5 à 50 g.L^{-1} pour le cobalt, et les autres conditions expérimentales correspondent à celles déterminées dans les études précédentes. Ce test d'adsorption permet de déterminer la dose de l'adsorbant qui donne le maximum d'adsorption du polluant étudié. Les conditions de travail pour cette étude sont consignées dans le tableau III.4.

Tableau III.5: Conditions expérimentales pour l'étude de l'effet de la dose de l'adsorbant sur la capacité d'adsorption des polluants

Paramètres	Cobalt	Bleu de Coomassie
pH	9	2
Concentration initiale C_0 (mg.L^{-1})	10	20
Vitesse d'agitation (trs.mn^{-1})	250	300
Temps de contact (mn)	30	45
Température (K)	293	295
Granulométrie (µm)	[200-315]	[315-800]
Dose de l'adsorbant (g.L^{-1})	**Variable**	**Variable**

IV.6. Influence de la concentration de l'adsorbant sur le pH

Le test est effectué en prenant un bécher contenant 50 mL d'eau bi distillée de pH 6.86 dans lequel, une masse de 0.1 g de l'adsorbant de granulométrie [200-315] μm ou [315-800] est introduite. Le mélange est soumis à une agitation magnétique à une vitesse d'agitation de 250 trs.mn^{-1} à la température de 20 °C durant 4 heures. Le tracé de la courbe pH en fonction du temps nous permet de prévoir, si l'adsorbant libère ou non les protons en solution.

IV.7. Isotherme d'adsorption

L'objectif principal de l'étude d'une adsorption d'un polluant sur un adsorbant est d'établir son isotherme d'adsorption. Cette dernière est établie après avoir déterminé les conditions optimales pour obtenir la capacité d'adsorption maximale. Les quantités d'adsorptions à l'équilibre qe calculées pour des concentrations à l'équilibre Ce nous permettent de tracer l'isotherme d'adsorption q_e= f (C_e) caractéristique du phénomène étudié et de déduire le type d'isotherme par une simple comparaison de l'isotherme obtenue à celles établies par la classification de Giles et al. [14].

IV.8. Paramètre d'équilibre

Les caractéristiques de l'isotherme peuvent être exprimées par un terme sans dimension, appelé paramètre d'équilibre R_L très utilisé en génie chimique pour le dimensionnement des adsorbants industriels [15, 16] et dont l'utilité est la connaissance du type d'équilibre (favorable ou défavorable à l'adsorption) qui a lieu entre les phases liquides et solides. Ce paramètre est défini par la relation (11).

$$\mathbf{R_L = 1 / (1 + K\,C_0)} \tag{11}$$

L'équilibre est dit : Favorable si   : $\mathbf{0 < R_L < 1}$

Défavorable si : $\mathbf{R_L > 1}$

Linéaire si   : $\mathbf{R_L = 1}$

Irréversible si : $\mathbf{R_L = 0}$

V. Détermination des paramètres thermodynamiques d'adsorption

D'une façon générale, le phénomène d'adsorption est toujours accompagné d'un processus thermique [17, 18] qui peut être soit exothermique ($\Delta H^0 < 0$) ou endothermique ($\Delta H^0 > 0$). La mesure de la chaleur d'adsorption ΔH est le principal critère qui permet de différencier le processus de chimisorption de physisorption. La température est un facteur important dans le processus d'adsorption. A cette fin, nous avons étudié son influence sur la quantité adsorbée des polluants dans les conditions optimisées précédemment. Les tests sont effectués à des concentrations de 80 mg.L^{-1} du polluant, seule la température varie de 25 à 50 $^\circ$C. Les solutions préparées sont soumises à une agitation magnétique pendant un temps d'équilibre, après décantation et filtration la détermination des concentrations résiduelles permet de calculer les quantités adsorbées et de confirmer l'influence de la température sur l'adsorption des polluants.

Pour déterminer les grandeurs thermodynamiques, des solutions de polluants de concentration 80 mg.L^{-1} sont préparées. Les paramètres pH, temps d'équilibre, granulométrie, dose de l'adsorbant et vitesse d'agitations sont maintenus constants. La seule variable pour tous ces essais est la température. Les quantités adsorbées après un temps d'équilibre à différentes températures nous permettent de déterminer les constantes d'équilibres. La chaleur d'adsorption ΔH est donnée par la relation de Gibbs-Helmholtz [19, 20]. Les grandeurs thermodynamiques sont déterminées selon les relations de (12 à 16)

$$\Delta G^0 = - R. T. Ln\ K_L \qquad\qquad (12)$$

$$\Delta G^0 = - R. T. Ln\ Kc \qquad\qquad (13)$$

$$\Delta G^0 = \Delta H^0 - T\Delta S^0 \qquad\qquad (14)$$

$$Kc = C_e / (C_0 - C_e) \qquad\qquad (15)$$

$$Ln\ Kc = - (\Delta H^0/R)\ T + (\Delta S^0/R\ ) \qquad\qquad (16)$$

K_L : constante de Langmuir,   Kc : constante d'équilibre

ΔG^0 (J.mol^{-1}) : enthalpie libre standard , ΔH^0 (J.mol^{-1}) : enthalpie standard

ΔS^0 (J.$mol^{-1}.K^{-1}$) : entropie standard , T(K) : température

R = 8.31 J.$K^{-1}.mol^{-1}$: constante des gaz parfaits

Le tracé du graphe - LnKc en fonction de (1/T) est une droite qui ne passe pas par l'origine dont la pente et l'ordonnée à l'origine nous permettent de déduire par identification à l'équation (III.16) l'enthalpie et l'entropie $\Delta S°$ d'adsorption respectivement et d'en déduire les enthalpies libres $\Delta G°$ à différentes températures. En cinétique chimique, la loi d'Arrhenius permet de décrire la variation de la vitesse d'une réaction chimique en fonction de la température. Cette loi a été énoncée par Svante August Arrhenius en 1889. Toutefois, il existe des réactions qui ne suivent pas cette loi (les réactions enzymatiques). La loi d'Arrhenius est donc une loi empirique, ce qui signifie qu'elle est basée sur des résultats observés expérimentalement dans un grand nombre de cas. La loi d'Arrhenius [21] est donnée sous la forme générale 17.

$$\mathbf{dLnk/dT = Ea \ / \ RT^2} \tag{17}$$

K : constante de vitesse déduite après modélisation de la cinétique

E_a $(J.mol^{-1})$: énergie d'activation

En supposant que l'énergie d'activation « Ea » ne dépend pas de la température, ce qui est une hypothèse acceptable uniquement sur un intervalle de température assez réduit, la forme intégrale de la loi (17) est donnée par la relation (18).

$$\mathbf{k = A \ e^{-Ea/R.T}} \tag{18}$$

A : Facteur pré-exponentiel ou facteur de fréquence tient compte de la fréquence des collisions et des effets stériques. En première approximation le facteur pré-exponentiel ne dépend pas de la température. Pour déterminer l'énergie d'activation du processus d'adsorption, il suffit d'étudier la cinétique d'adsorption de l'adsorbat (métal ou colorant) pour une concentration initiale constante à différentes températures. Ces cinétiques sont modélisées convenablement par les différents modèles cinétiques qui permettent d'obtenir une meilleure corrélation et de déduire la constante de vitesse correspondante à chaque cinétique ainsi que sa variation en fonction de la température. La forme linéaire de cette loi est donnée par l'équation (19).

$$\mathbf{Lnk = - \ Ea/RT + A} \tag{19}$$

Le tracé du graphe LnK en fonction de (1/T) est une droite qui ne passe pas par l'origine dont la pente et l'ordonnée à l'origine nous permettent de déterminer l'énergie d'activation et la constante A

La forme de la loi d'Arrhenius montre que la valeur de l'énergie d'activation a une importance prépondérante sur la vitesse de réaction. Nous pouvons conclure que les réactions ayant les plus faibles énergies d'activation sont les plus rapides et inversement celles qui ont les énergies d'activation les plus élevées sont les plus lentes.

Ordre de grandeur de l'énergie d'activation d'Arrhenius

Un grand nombre de réactions chimiques ont une énergie d'activation comprise entre 40 et 130 kJ.mol^{-1}, dans ce domaine d'énergie, lorsque la température augmente de 10 °C, le coefficient de vitesse est multiplié par un facteur compris entre 2 et 3.

Cependant certaines réactions ont des énergies d'activation faibles, voire proche de zéro, (cas des réactions entre ions ou radicaux) et d'autres ont des valeurs plus importantes supérieures à 200 kJ.mol^{-1}.

Références bibliographiques du chapitre III

(Partie expérimentale)

[1] H. Guerrée, Les eaux usées dans les agglomérations urbaines **(1978)** Eyrolles, Paris.

[2] L.M Sun et F. Meunier   Adsorption: aspect théoriques. **(2007)** Techniques de l'ingénieur, J 2 730.

[3] K. Vijayaraghavan, K. Palanivelu, M. Velan, Biosorption of Cu (II) and Co (II) from aqueous solutions by crab shell particles Bio.Tech, V97, Issue 12 **(2006)**1411-1419.

[4] M. Kazemipour, M. Ansari, S. Tajrobehkar, M. Majdzadeh, H. R. Kermani, Removal of lead, cadmium, zinc, and copper from industrial wastewater by carbon developed from walnut, hazelnut, almond, pistachio shell, and apricot stone. Journal of Hazardous Materials 150 **(2008)** 322-327.

[5] H. H. Someda, M. R. Ezz El-Din, R. R. Sheha, Application of a carbonized apricot stone for the treatment of some radioactive nuclei. Journal of radio analytical and nuclear chemistry, V 254, N 2 **(2002)** 373-378.

[6] Source : Our Calcul, FAO STAT Base des données Fournies par la FAO **(2007)**, L'Organisation des Nations Unies pour l'Agriculture et l'Alimentation.

[7] J. Lichou, Comparison of Apricot tree growth and development in 3 French, Growing Area, 5ème Congrès International des Pépiniéristes des Agrumes, Unité de Génétique et d'Amélioration des Fruits et Légumes INRA . J. International Science .Vigne Vin, **(2001)**.

[8] FAO Annulaire de la production, **(2007)** Edition FAO Rome.

[9] T. Wigmans, Industrial aspects of production and use of activated carbons. Carbon, V 27 **(1989)**13-22.

[10] Lj.S. Cerovic´, S.K. Milonjic´, M.B. Todorovic´, M.I. Trtanj, Y.S. Pogozhev, Y. Blagoveschenskii, E.A. Levashov, Point of zero charge of different carbides. Colsurfs .Physicochemistry Enginneering. Aspects, V 297 **(2007)** 1-6.

[11] M. Abbas, S. Kaddour, M. Trari, Kinetic and equilibrium studies of cobalt adsorption on apricot stone activated carbon. Journal of Ind. and Eng. Chem. V 20 Issue 3 **(2014)** 745-751.

[12] B.H Hameed, D.K. Mahmoud, A.L. Ahmad. Equilibrium modeling and kinetic studies on the adsorption of basic dye by a low-cost adsorbent: Coconut (Cocos nucifera) bunch waste Journal of Hazardous Materials 158 **(2008)** 65-72

[13] S.C. Tsai, K.W Juang, Comparision of Linear and Non-Linear forms of Isotherm models for strontium sorption on a sodium bentonite. Journal Radioanal. Nuclear Chemistry, V 243 **(2000)** 741-746.

[14] C.H. Giles, T.H. Macewan, D. Smith. Journal of Chemical Society, Part XI **(1960)** 3973-3993.

[15] R. H. Perry's Chemical Engineers Handbook, **(1997)** 6th Edition, Mc Graw-Hill, USA.

[16] R. E Treybal, Mass Transfer-Operation, **(1981)** 3th Edition, Mc Graw-Hill, NewYork

[17] G. Rytwo, E. Ruiz-Hitzky, study of the thermal decomposition of the kaolin. Journal of thermol Analysis and Calorimetry V 71 **(1960)** 3973.

[18] A. Ramesh, D.J Lee, J.W Wong, Thermodynamic parameters for adsorption equilibrium of heavy metals and dyes from wastewater with low-cost adsorbents. Journal of Colloid and Interface Science V 291 **(2005)** 588-592.

[19] Y.S Ho, G. Mc Kay, The kinetics of sorption of divalent metal ions. Process Biochemistry V 34 **(1996)** 451-465.

[20] Ho, Y and G Mc. Kay, The sorption of lead (II) ion on peat. Water Research, 33 (2) **(1999)** 578-584.

[21] J.J. Bikerman, First published under title Surface Chemistry for industrial research, Theory and Application, Academic Press, New York, ISBN 10: 0120978563 ISBN 13: 9780120978564 **(1958)**. Bookseller Inventory # GRP71363197.

RESULTATS

CHAPITRE. IV
RESULTATS
ET
DISCUSSION

1. CARACTERISATION DE L'ADSORBANT

I. CARACTERISATION DE L'ADSORBANT

L'adsorbant préparé à base de coquilles de noyaux d'abricots a été caractérisé par différentes techniques d'analyse : spectroscopie infrarouge à transformée de Fourrier (IRTF), méthode de Brunauer, Emette et Teller (BET), la fluorescence X (FX), diffraction des rayons X (DRX) et analyse élémentaire CHN.

I.1. Analyse par spectroscopie infrarouge à transformée de Fourrier

L'adsorbant est caractérisé par spectroscopie infrarouge à transformée de Fourrier (IRTF) de marque « FT Bomen-Michelson Type Canada » sur des pastilles à base de KBr. La figure IV.1.1 représente le spectre IRTF de l'adsorbant NANT.

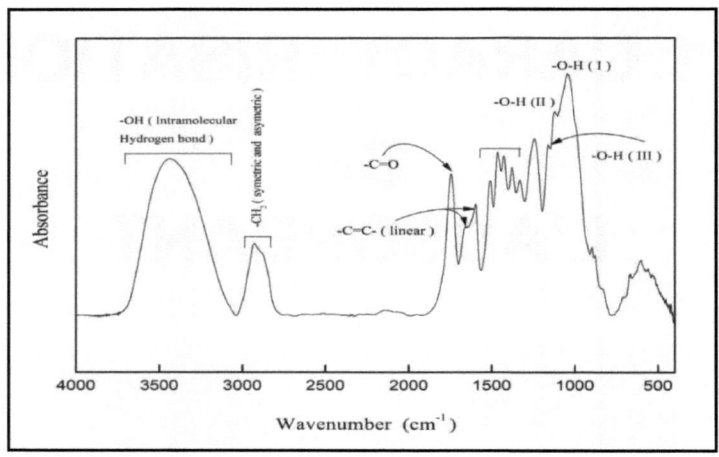

Figure IV1.1: Analyse par spectroscopie infrarouge (IRTF)
de l'adsorbant « NANT »

La figure (IV1.1) montre différentes bandes d'adsorption caractéristiques larges et fines, ces dernières sont attribuées à l'existence des fonctions organiques telles que (–C=O, -OH, -C=C, cycle aromatiques, les hétéroatomes…). Notons que ces groupements fonctionnels sont responsables des forces d'attraction entre les sites chargés positivement de l'adsorbant et les charges négatives ou des doublets libres des hétéroatomes de l'adsorbat. La nature des bandes caractéristiques est identifiée selon la table internationale « Interpreting, Infrared, Raman, and Nuclear Magnetic Resonance

Spectra volume 1 ». Le tableau IV.1.1 regroupe la nature des bandes d'absorption, les fonctions probables et les valeurs des nombre d'onde correspondantes de l'adsorbant NANT.

Tableau IV.1.1: Indexation des bandes d'absorptions du NANT selon la table internationale

Bande (cm^{-1})	Nature du pic	Fonction probable
3436.3	Très large (3680.5-3122)	Existence de fonctions $-OH$ libres et associées
2929	Large (3014-2820)	Présence de groupement $-CH_2$ (symétrique et asymétrique)
1732	Moyen	Présence de la liaison $C = O$
1600 -1665	Moyen	Présence $C=C$ linéaire, cyclique
1599	Alternance de plusieurs pics	CH_2 (symétrique et asymétrique)
1508	successifs retrouvés dans	
1475	d'autres bandes (vibration –	
1246 -1427	élongation et déformation)	Présence d'alcool primaire
1158	Trois pics apparaissent	Présence d'alcool secondaire
1122.5	successivement dont la	Présence d'alcool tertiaire
1047.3	résolution est faible.	

I.2. Détermination du pH isoélectrique pH(ZPC)

Le pH isoélectrique pH(zpc) correspond au point où la charge totale de l'adsorbant est nulle. Il est déterminé selon la méthode de « Cerovic » [1], par le tracé de la courbe pH_{final} = f ($pH_{initial}$) (Fig. IV1.2). Le pH(zpc) représente le point de la courbe où le pH_{final} est égal au $pH_{initial}$. Le pH(zpc) de l'adsorbant vaut 7.05, il est déduit graphiquement de la figure IV.1.2.

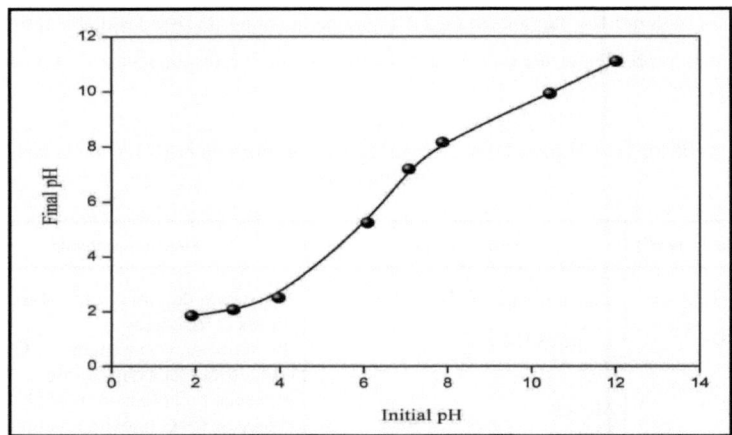

Figure IV1.2: Détermination du pH isoélectrique pH(zpc)

I.3. Détermination de la surface spécifique par B.E.T

La méthode de Brunauer, Emette et Teller « B.E.T » nous renseigne sur la structure, les surfaces spécifiques et les volumes poreux des adsorbants NANT et NATA. L'appareil utilisé est de type « Pore Size Micrometric - 9320, USA ». Les résultats de la mesure des surfaces spécifiques de l'adsorbant non traité (NANT) et l'adsorbant traité avec l'acide H_3PO_4 (NATA) sont regroupés dans le tableau IV.1.2. Les mesures ont été faites dans les conditions suivantes: température de chauffage 230 °C et un temps de dégazage de 16 h. L'interprétation des courbes de sorption et de désorption selon les douze points de mesures [2] ont conduit aux résultats regroupés dans le tableau IV.1.2.

Tableau IV.1.2: Détermination de la surface spécifique par la méthode de (B.E.T) [2]

Caractéristiques	Noyau d'abricot traité par l'acide H_3PO_4 **(NATA)**	Noyau d'abricot non traité **(NANT)**
Surface spécifique ($m^2.g^{-1}$)	88	0.43
Diamètre moyen (Å)	176.32	178.42
Volume moyen des pores ($mL.g^{-1}$)	0.26	0

Nous remarquons que l'activation chimique et physique ont permis de modifier l'état de structure et de développer la porosité. En effet, la surface spécifique de l'adsorbant NATA a pour valeur 88 $m^2.g^{-1}$ et la valeur du volume moyen des pores vaut 0.26 $mL.g^{-1}$. Nous remarquons qu'ils sont nettement supérieurs à ceux de l'adsorbant NANT qui a une surface spécifique de 0.43 $m^2.g^{-1}$ et un volume moyen des pores de 0.00107 $mL.g^{-1}$. Ces résultats nous ont permis de choisir les noyaux d'abricots traités par H_3PO_4 « NATA » pour les tests d'adsorption de deux polluants qui sont le cobalt et le bleu de Coomassie.

I.4. Analyse semi-quantitative de l'adsorbant par fluorescence X

Les résultats de l'analyse semi quantitative et le pourcentage de la matière organique déterminés par fluorescence X de marque « Philips X-ray diffractometer of PW 1890 model » des adsorbants NANT et NATA, avant et après adsorption, sont consignés dans le tableau IV.1.3

Tableau IV.1.3: Analyse semi quantitative par fluorescence X

Oxydes	(%) en poids NANT	(%) en poids NATA
SiO_2	0.963	0.326
Al_2O_3	0.413	0.075
Fe_2O_3	0.092	0.025
CaO	0.303	0.264
MgO	0.138	0.096
MnO	0.001	0.003
Na_2O	0.079	0.049
K_2O	0.120	0.118
P_2O_5	0.056	0.698
TiO_2	0.009	0.004
Cr_2O_3	0.001	0.003
SO_3	0.063	0.037
ZnO	0.001	0.001
CuO	0.008	0.009
NiO	0.002	0.002
Perte au feu P.A.F	**97.58**	**98.32**
Total	**99.83**	**100.03**

Le tableau IV.1.3 montre que l'adsorbant préparé à base de noyaux d'abricot est riche en éléments minéraux, particulièrement pour l'adsorbant non traité NANT. Parmi ces éléments quantifiés sous forme d'oxydes nous pouvons citer : SiO_2, CaO, MgO, Al_2O_3, Fe_2O_3 et K_2O, le reste de la composition de l'adsorbant représente les éléments mineurs. L'enrichissement avec ces oxydes possédant des structures cristallochimiques cubique et cubique à faces centrées, révèle l'existence dans l'enchainement de motifs de base de la structure des tétraèdres, des octaèdres ou la présence des deux motifs à la fois.

L'enchainement de ces polyèdres par les sommets selon les trois directions (x, y, z) de l'espace délimite, dans la structure cristallographique de base, des cavités et des sites d'insertions pour des composés étrangers tels que les polluants étudiés. Cette insertion peut se faire par attraction électrostatique, par liaisons hydrogène, par la mise en commun des doublets libres ou par formation de nouvelles liaisons.

Le pourcentage de la matière organique et le taux des cendres obtenues par fluorescence X présente une bonne corrélation comparée à celle déterminée expérimentalement.

I.5. Détermination des caractéristiques physicochimiques de l'adsorbant NATA

Les caractéristiques physico chimiques de l'adsorbant NATA sont consignées dans le tableau IV.1.4. L'adsorbant NATA a été obtenu par traitement du noyau d'abricot avec l'acide H_3PO_4 de pureté massique 85 %.

Tableau IV.1.4: Caractéristiques physico chimiques de l'adsorbant NATA

Caractéristiques		NATA
Analyse élémentaire	% C	48.45
	% H	6.03
	% N	0.44
	% O	45.08
Paramètres expérimentaux % M.O et cendres		
Matière organique déterminée expérimentalement	(% M.O)	**98.75**
Cendres	(%)	1.25
Paramètres déterminés par fluorescence X: % M.O et cendres		
Matière organique déterminée par fluorescence X	(% M.O)	**98.32**
Cendres	(%)	1.68
pH(zpc)	pH	7.05
Humidité	H (%)	1.48
Teneur en eau	T (%)	1.50

Nous remarquons que le taux des cendres et les valeurs du pourcentage de la matière organique déterminées par fluorescence X (98.32 %) et expérimentalement (98.75 %) sont proches. L'analyse élémentaire de quelques adsorbants est donnée dans le tableau IV.1.5. Les différents adsorbants contiennent un pourcentage élevé en carbone et des faibles quantités les autres éléments à l'exception du dioxygène.

Tableau IV.1.5: Résultats de l'analyse élémentaire de quelques adsorbants

Auteurs	% C	% H	% N	% O	% S	Ca	Adsorbant
Abbas et al [3]	48.45	6.30	0.44	44.81			NATA
Rouibah et al [4]	51.04			38.45	0.3		Noyaux d'olives
Soleimane et al [5]	78.81	2.42	0.23	18.54			Noyaux d'abricots
Bouchemel [6]	42.31	6.73	0.98	45.54	0.25		Noyaux de dattes
	46.1	6.3	0.21				Noix de coco
	41.1	5.90	1.05				Coque d'arachide
Gueye et al [7]	42.20	6.3	0.32				Bois de jatropha
Habib--Rhman et al [8]	51.68			48.08		0.24	Sciure de bois

I.6. Test de relarguage

La figure IV.1.3 représente la variation du pH en fonction du temps. Cette étude nous permet de savoir si la biomasse libère ou non des protons en solution.

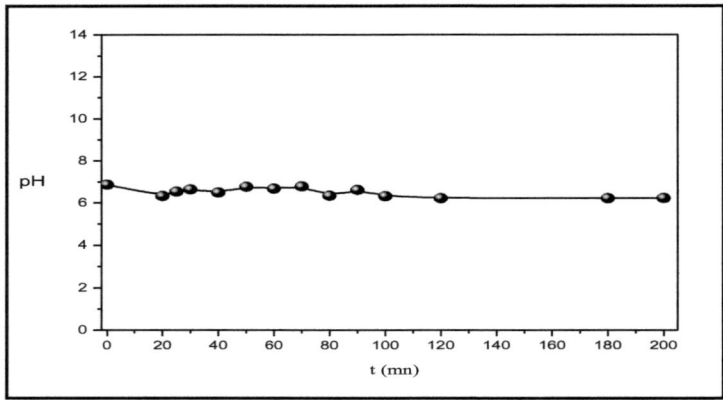

Figure IV.1.3: Test de relarguage de l'adsorbant NATA dans l'eau bidistillée

La figure IV.1.3 montre que la variation du pH est insignifiante pour une durée de temps de 200 mn. Nous pouvons dire que l'adsorbant NATA ne libère pas de protons en solution aqueuse et qu'il garde un pH constant de l'ordre de 6.85.

I.7. Détermination des caractéristiques physicochimiques de l'adsorbant non traité « NANT »

I.7.1 Taux d'humidité « H » et teneur en eau « T »

Le taux d'humidité et la teneur en eau sont déterminés selon les relations (1) et (2).

$$H\ (\%) = [(P_1-P_2) / (P_1-P_0)] \times 100 \tag{1}$$

P_0 (g) : masse de la capsule vide

P_1 (g) : masse de la capsule contenant la masse initiale m_0

P_2 (g) : masse de la capsule contenant la masse sèche m_s

$$T\ (\%) = [(m_0-m_s) /m_s] \times 100 \tag{2}$$

m_0 (g) : masse initiale humide (prise d'essai)

m_s (g) : masse séchée

I.7.2. Masses volumiques apparente $\rho_{(ap.)}$ et réelle $\rho_{(rél.)}$

Les masses volumiques apparente $\rho_{(ap.)}$ et réelle $\rho_{(rél.)}$ de la poudre du noyau d'abricot non traité sont calculées selon les équations (3 et 4).

$$\rho_{(ap.)} \ (g/cm^3) = \ m_0 \ / \ V_1 \tag{3}$$

$$\rho_{(ré.)} \ (g/cm^3) \ = \ m_0 \ / \ V_2 \tag{4}$$

m_0 (g) : masse initiale (prise d'essai)

V_1 (mL) : volume aéré occupé par la poudre de l'adsorbant NANT

V_2 (mL) : volume tassé occupé par la poudre de l'adsorbant NANT

I.7.3. Indice de porosité (Ip)

L'indice de porosité représente le pourcentage du volume total du vide de l'échantillon par apport au volume apparent de ce dernier, ce paramètre nous renseigne sur la porosité de l'adsorbant, ce paramètre est déduit à partir de la masse volumique réelle et apparente selon l'équation (5).

$$Ip = (\rho_{(ap.)} - \rho_{(ré.)} \ / \ \rho_{(ré.)})\times100 \tag{5}$$

Les caractéristiques physico-chimiques du noyau d'abricot non traité « NANT » sont résumées dans le tableau IV.1.

Tableau IV.1.6: Caractéristiques physico-chimiques du noyau d'abricot non traité

Caractéristiques	NANT
Indice de couleur : LAB	
L*	64.48
C*	25.56
H*	70.56
A*	8.51
B*	24.11
Taux d'humidité (%) déterminé par laser	**10.74**
Taux d'humidité (%) déterminé expérimentalement (%)	**9.44**
Teneur en eau (%)	**10.65**
Masse volumique apparente « aérée » (g.mL^{-1})	0.578
Masse volumique réelle « tassée » (g.mL^{-1})	0.625
Indice de porosité (%)	7.52
Indice de compressibilité (Indice d'Hausner)	1.08
Conductivité mesurée dans l'eau distillée (µS.cm^{-1})	12.1

Les variables L, C et H correspondent respectivement à clarté, saturation et teinte La lettre A désigne l'axe positif qui indique le passage de la coloration vers le rouge et l'axe négatif indique le virement vers le vert, et la lettre B correspond à l'axe positif qui indique la transition vers le jaune, et l'axe négatif indique une tendance vers le bleu.

Le tableau IV.1.6 montre que le taux d'humidité déterminé expérimentalement et par laser sont dans le même ordre de grandeurs néanmoins, l'erreur relative est de 12.01 %, ceci s'explique par le fait que le temps de chauffage avec le laser est toujours fixé à 17 minutes.

Le test de l'indice de couleur selon la norme « Système CIE Lab 76 Commission Internationale d'Eclairage Lumière du jour D 65 » montre que l'indice de couleur tend vers le beige, et que cet indice varie en fonction du temps.

L'indice de porosité montre que l'état de surface de l'adsorbant est légèrement poreux à l'état naturel, et une activation physique et chimique permet de développer davantage sa porosité. L'indice de compressibilité montre que la poudre issue des coquilles de noyaux d'abricots est compressible et présente une conductivité (12.1 μS.cm^{-1}) en solution aqueuse.

I.8. Images photographiques de l'adsorbant avant et après activation

La figure (IV.1.4) représente la poudre de noyaux d'abricots non traitée, de granulométrie [800-1200] μm et [80-800] μm obtenue après séchage et broyage. La figure (IV.1.5) illustre les images photographiques de l'adsorbant après activation, calcination et lavage.

Granulométrie [800-1200] µm   Granulométrie [80-800] µm

Figure IV.1.4: Poudre de noyaux d'abricots à différentes granulométries avant activation

Granulométrie : [1-2] mm   Granulométrie : [200-1000] µm

Figure IV.1.5: Poudre de noyaux d'abricots à différentes granulométries après activation

I.9. Effet de la dose de l'adsorbant NATA sur le pH du milieu

La figure IV.1.6 illustre la variation du pH en fonction de la masse de l'adsorbant.

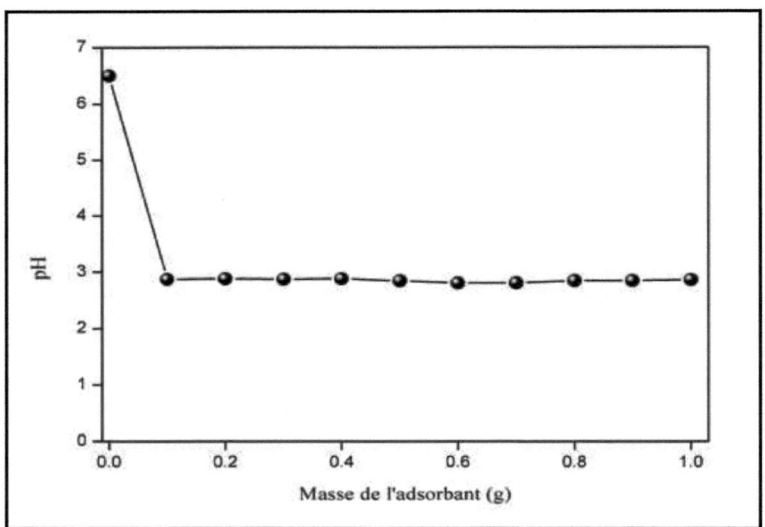

Figure IV.1.6: Variation du pH en fonction de la masse de l'adsorbant

La figure IV.1.6 montre que la masse de l'adsorbant NATA n'a pratiquement pas d'effet sur la variation du pH dans l'eau bidistillée, la valeur du pH reste constante quelque soit la dose de l'adsorbant. Le pH déduit de la courbe expérimentale est au voisinage de 2.5. Ce résultat est important étant donné que le pH a un effet important dans les tests d'adsorption. Nous pouvons citer l'exemple du bleu de Coomassie qui est bleu à pH 2, tandis qu'à un pH légèrement inférieur à 2, le bleu de Coomassie est incolore. La longueur d'onde d'absorption maximale passe de 590 à 470 nm pour des pH variant de 1 à 2.

I.10. Analyse par diffraction des rayons X « RX »

L'enregistrement des diffractogrammes intensité en fonction de l'angle 2 théta à été enregistré par un balayage du goniomètre « Philips X-ray diffractometer of PW 1890 model, λ=1.54 Å, V: 330 kV, I: 30 mA » entre 5 et 140 degré nous a permis d'enregistrer le spectre caractéristique de l'échantillon analysé. Les figures IV.1.7 et IV.1.8 représentent respectivement les diffractogrammes de l'adsorbant naturel NANT et de l'adsorbant traité par l'acide NATA.

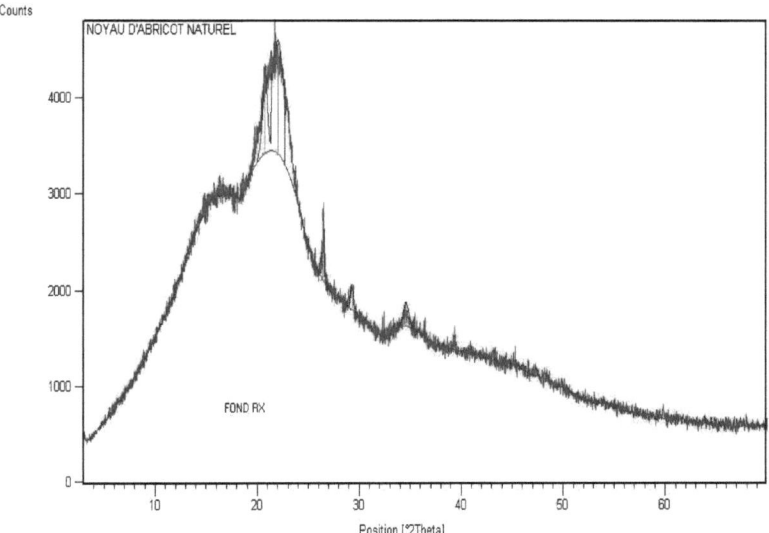

Figure IV1.7: Diffractogramme de l'adsorbant naturel NANT

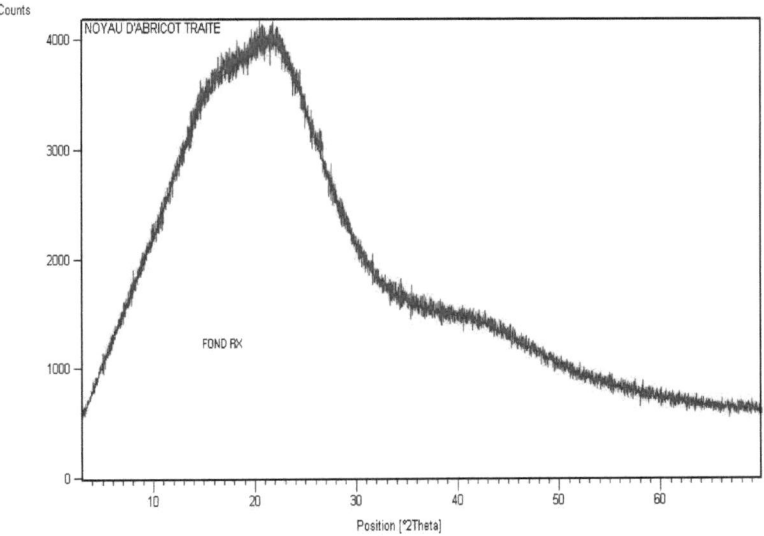

Figure IV1.8: Diffractogramme de l'adsorbant NATA

Les diffractogrammes (Figures IV.1.7 et IV.1.8) montrent que la poudre du noyau d'abricot naturel NANT présente une certaine cristallinité, les atomes présentent une structure régulière et périodique dans la maille élémentaire car il y a apparition des pics caractéristiques de la structure. L'indexation des pics caractéristiques est donnée dans le tableau IV.1.7.

Tableau IV.1.7: Indexation des pics pour l'adsorbant non traité NANT

Numéro du pic	2 Théta (°)	$d_{hkl} = \lambda / 2\sin\Theta$ (Å)
1	19.51	2.30
2	22.04	1.47
3	26.48	0.16
4	29.33	0.33
5	34.59	0.65

Notons que l'apparition des pics (Figure IV.1.7) confirme l'état cristallin correspondant à une structure régulière et périodique du NANT. L'identification de l'échantillon qualitativement se fait par comparaison des distances inter-réticulaires les plus intenses de l'adsorbant NANT à celles indexées dans la banque de données « Fiches ASTM ».

L'absence totale des pics caractéristiques dans le cas le l'adsorbant traité NATA (Figure IV.1.8) révèle l'état amorphe caractérisé par une structure irrégulière ou aléatoire des atomes dans l'échantillon.

Nous pouvons conclure que l'adsorbant NANT possède une structure cristalline contrairement à l'adsorbant NATA qui à perdu sa structure régulière suite à la calcination. La perte de la structure cristalline est attribuée à l'augmentation de la température qui favorise le passage de la structure ordonnée à la structure désordonnée. Ce changement est la conséquence de l'agitation et de la vibration des transitions électromagnétiques. Nos résultats sont en accord avec le travail de H.A Someda et al [9], qui a effectué des tests de réduction de la radioactivité des éléments Cs^+, Co^{2+} et Eu^{3+} avec les noyaux d'abricots traités par l'acide.

Références bibliographiques du chapitre IV

(Caractérisation de l'adsorbant)

[1] Lj.S. Cerović, S.K. Milonjić, M.B. Todorović, M.I. Trtanj,Y.S. Pogozhev, Y. Blagoveschenskii, E.A. Levashov, Point of zero charge of different carbides. Colsurfs .Physicochem. Eng. Aspects, V 297 **(2007)** 1-6.

[2] S.E. Chitour, Chimie des surfaces, Introduction à la catalyse, Edition OPU **(1981)** Alger.

[3] M. Abbas, S. Kaddour, M. Trari, Equilibrium and kenitic stadies of cobalt adsorption on apricot stone activated carbon. J of industrial and Eng. Chem V 20 Issue 3 **(2014)** 745-751.

[4] K. Rouibah, A.H Meniai, M.T Rouibah, L. Deffous, M.B. Lehocine, Elimination of Chromium (II) from aqueous solutions by adsorption onto olive stones. The Open Chemical Journal, V 3 **(2009)** 41-48.

[5] M. Soleimani, T. Kaghazchi, Adsorption of gold ions from industrial wastewater using activated carbon derived from hard shell of apricot stones- an agricultural waste. Bioresource Technology V 99 **(2008)** 5374-5383.

[6] N. Bouchamal, Z. Merzougui, F. Addoun, Adsorption en milieu aqueux de deux colorants sur charbons actifs a base de noyaux de datte. Journal de la Société Alger. Chim., 21(1) **(2011)**1-14.

[7] M. Gueye, J. Blin, C. Brunschwig, Etude de la synthèse des charbons actifs à partir de biomasses locales par activation chimique avec H_3PO_4. $6^{éme}$ Edition, jounnées Scientiques du ZiE Ouagadougou **(2011)**.

[8] H. Rehman, M. Shakirullah, I. Ahmad, S. Shah, Hameed ullah, Sorption studies of Nickel ions onto sawdust of dalbergia sissoo. Journal of the Chinese Chemical S ociety V 53 **(2006)** 1045-1052.

[9] H.H. Someday, M.R Ezz El-Din, R.R Sheda, H.A El Neggar, Application of carbonized apricot stone for the treatment some radioactive nuclei. Journal of Radioanalytical and Nuclear Chemistry V 250 N2 **(2002)** 373-378.

2. ETUDE PARAMETRIQUE DU COBALT

II. ETUDE DES PARAMETRES D'ADSORPTION DU COBALT

II.1. Résultats de l'étude paramétrique du cobalt

Dans cette partie, nous exposerons l'effet des paramètres influents sur la capacité d'adsorption du cobalt par l'adsorbant « noyau d'abricot traité par l'acide NATA », et qui sont la granulométrie de l'adsorbant, le pH du milieu, la concentration initiale en cobalt, la vitesse d'agitation et la dose de l'adsorbant NATA.

II.1.1. Effet de la concentration en ion Co^{2+}

L'effet du temps et de la concentration initiale en Co^{2+} sur la capacité d'adsorption est représenté par la figure (IV.2.1).

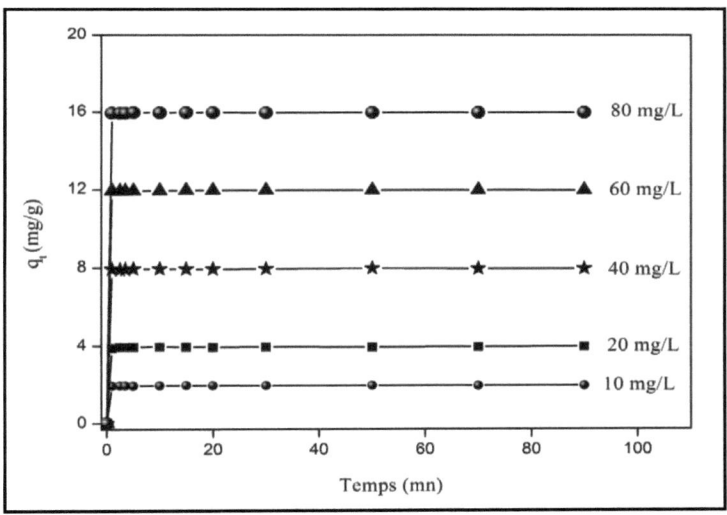

Figure IV.2.1: Effet du temps et de la concentration sur la capacité d'adsorption

$(C_o = (10 - 80)$ mg.L^{-1}, T = 298 K, d = 5 g.L^{-1}, pH = 9, t = 90 mn,
gr = [200-315] μm et v = 250 tr.min^{-1})

Où : C_0 = concentration initiale en polluant, T = température, V = volume, v = vitesse d'agitation, d = dose de l'adsorbant, et gr = granulométrie, ces abréviations seront utilisées pour tous les graphes

La figure (IV.2.1) montre que la quantité adsorbée est proportionnelle à la concentration initiale en Co^{2+}. En effet, la quantité maximale adsorbée (16.3 mg.g^{-1}) correspond à la concentration initiale la plus élevée (80 mg.L^{-1}). Cette augmentation est attribuée aux forces d'attraction électrostatiques et à l'affinité d'adhésion entre les ions Co^{2+} et les sites négatifs de l'adsorbant (pH 9 supérieur au pH isoélectrique pH$_{ZPC}$ 7.02) [1].

Nous remarquons que le processus d'adsorption est rapide pour un temps de contact égal à 5 mn car les pores sont disponibles, ils ne sont pas tous occupés dans l'adsorbant au début ce qui favorise une grande fixation des ions Co^{2+}. Néanmoins, la fixation des premiers ions sur l'adsorbant réduit le nombre de pores d'où un ralentissement du processus d'adsorption. Par conséquent, le nombre de sites de fixation diminue et atteint une saturation pour un temps d'équilibre de 30 mn.

II.1.2. Effet du pH

La figure (IV.2.2) illustre l'effet du pH sur la quantité adsorbée en Co^{2+}

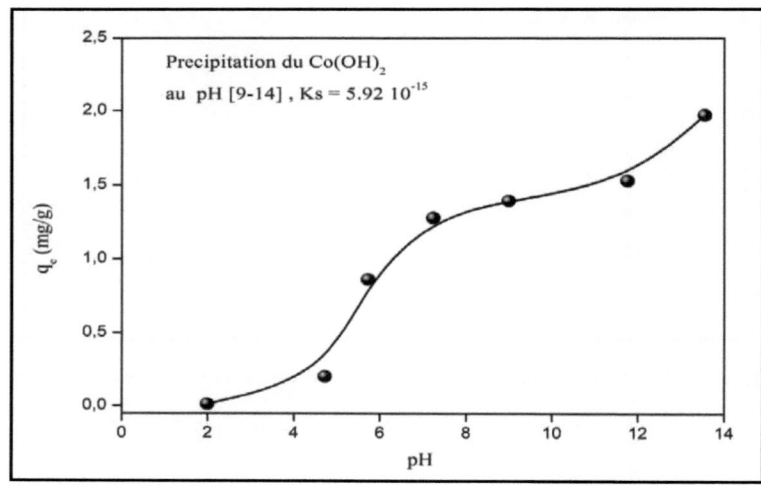

Figure IV.2.2: Effet du pH sur la capacité d'adsorption du cobalt par NATA

(C_0 = 10 mg.L^{-1}, T = 293 K, d = 5 g.L^{-1}, t = 30 min, v = 250 tr.mn^{-1} et gr = [200-315] µm)

Nous remarquons que la quantité adsorbée varie dans le même sens que le pH (Fig. IV.2.2). La quantité adsorbée augmente jusqu'au pH 9, et pour des pH supérieurs à 9, l'ion Co^{2+} précipite sous forme de $Co(OH)_2$ dont le produit de solubilité vaut $5.92 \cdot 10^{-15}$.

Selon le pH, l'adsorbant peut être chargé positivement ou négativement. La connaissance du point isoélectrique ($pH_{ZPC} = 7.05$) permet de savoir pour quels pH l'adsorbant sera chargé positivement ou négativement [1]. Par conséquent, pour un pH supérieur à 7.05, l'adsorbant présente une prédominance de charges négatives et une prédominance de charges positives pour un pH inférieur au point isoélectrique

Selon la figure (IV.2.2), l'adsorption du Co^{2+} est favorisée pour un pH variant de 7.05 à 9. Néanmoins, il faut noter que le pH optimal est 9 et pour cette valeur l'adsorbant porte des charges négatives. La présence de ces charges favorisera davantage l'adsorption de Co^{2+} par des forces d'attraction électrostatiques.

II.1.3. Effet de la granulométrie

La figure (IV.2.3) représente la variation de la quantité adsorbée en fonction de la granulométrie de l'adsorbant NATA.

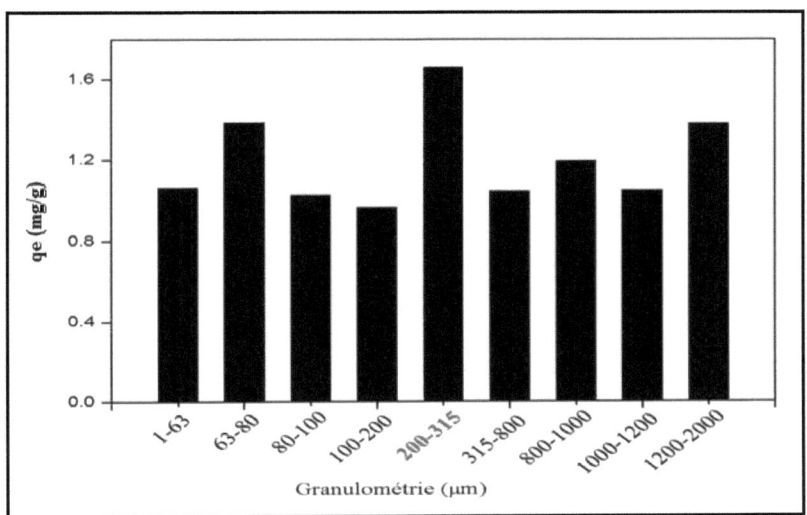

Figure IV.2.3: Effet de la granulométrie sur la capacité d'adsorption

(Co = 10 mg.L^{-1}, T = 298 K, d = 5 g.L^{-1}, pH = 9, t = 30 min et v = 250 tr.mn^{-1}

Nous constatons que la quantité adsorbée q_e (mg.g^{-1}) ne varie pas dans le même sens que la granulométrie de l'adsorbant, ceci est attribué probablement aux répulsions électrostatiques qui s'exercent entre les charges de même nature dans l'adsorbant.

La quantité maximale d'absorption vaut 1.8 mg.g^{-1} pour une granulométrie comprise entre 200 et 315 μm (Fig. IV.2.3). Ce résultat nous conduit à choisir l'adsorbant NATA ayant cette granulométrie pour l'étude de l'isotherme d'adsorption.

II.1.4. Effet de la vitesse d'agitation

L'effet de la vitesse d'agitation sur la capacité d'adsorption du Co^{2+} est représenté par la figure (IV.2.4).

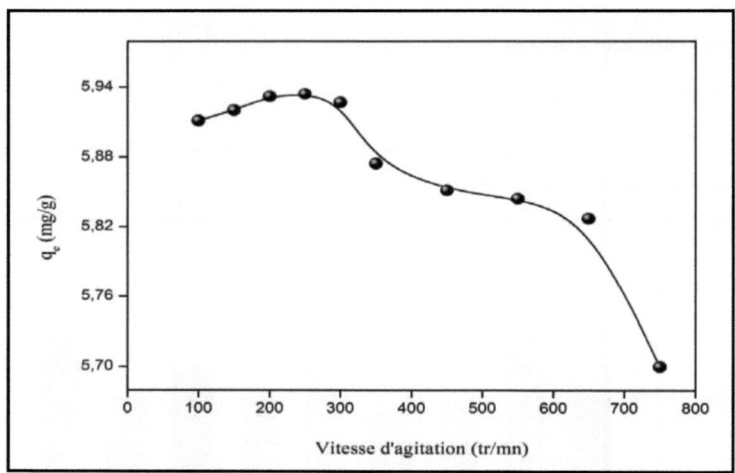

Figure IV.2.4: Effet de la vitesse d'agitation sur la capacité d'adsorption

(Co = 30 mg.L^{-1}, T = 298 K, d = 5 g.L^{-1}, pH = 9, t = 30 mn,
gr = [200-315] μm et v = (100-750) tr.mn^{-1})

Nous remarquons que pour des vitesses d'agitation de 100 à 250 tr.mn^{-1}, la capacité d'adsorption augmente et le maximum d'adsorption est observé pour une vitesse d'agitation de 250 tr.mn^{-1}. Nous observons qu'une augmentation de la vitesse de 300 à 500 tr.mn^{-1} provoque une désorption et pour des vitesses élevées de 500 à 800 tr.mn^{-1}, un phénomène de vortex se produit avec une forte désorption.

Les enthalpies libres calculées, pour une concentration initiale ($C_o = 30$ mg.L^{-1}) et une température (T = 298 K), sont regroupés dans le tableau (IV.2.1) [2].

Tableau IV.2.1: Enthalpies libres pour des vitesses d'agitation élevées

Vitesse d'agitation (tr.mn^{-1})	$K = C_e / (C_o - C_e)$	Ln K	ΔG° (kJ.mol^{-1})
300	0.01238	- 4.3979	- 10.6928
350	0.02132	- 3.8479	- 9.36898
450	0.02536	- 3.6744	- 8.94650
550	0.02665	- 3.6250	- 8.82630
650	0.02969	- 3.5169	- 8.56310
750	0.05159	- 2.9600	- 7.20710

II.1.5. Effet de la dose de l'adsorbant

La figure (IV.2.5) représente l'effet de la dose de l'adsorbant sur la capacité d'adsorption des ions Co^{2+} par le NATA.

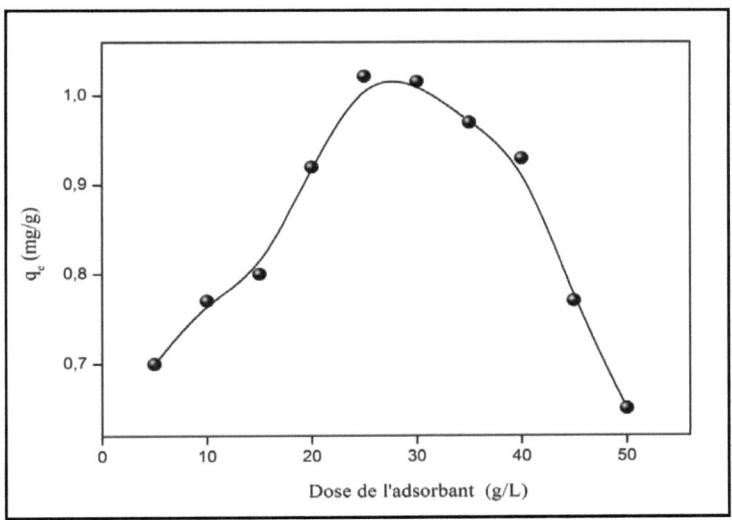

Figure IV.2.5: Effet de la dose de l'adsorbant sur la capacité d'adsorption

(Co = 10 mg.L^{-1}, 293 K, d = (5-50) g.L^{-1}, pH = 9, t = 30 mn,
gr = [200-315] µm et v = 250 tr.mn^{-1}

La courbe montre une augmentation de la capacité d'adsorption pour des doses de l'adsorbant variant de 5 à 25 $g.L^{-1}$, elle atteint une capacité d'adsorption maximale (1.66 $mg.g^{-1}$) pour une dose 25 $g.L^{-1}$, qui est la dose optimale.

Pour des doses comprises entre 25 et 50 $g.L^{-1}$, la capacité d'adsorption est inversement proportionnelle à la dose de l'adsorbant.

La diminution de la capacité d'adsorption, quand la dose augmente, est attribuée à une compétition de sites négatifs défavorisant la fixation de l'ion Co^{2+}.

En effet, il se produit des forces électrostatiques répulsives entre les sites de l'adsorbant de mêmes charges freinant ainsi le processus d'adsorption du cobalt dans les sites de l'adsorbant.

Les valeurs optimales des différents paramètres étudiés sont regroupées dans le tableau (IV.2.2).

Tableau IV.2.2: Valeurs optimales des différents paramètres

Paramètres	Valeurs optimales
. pH	9
. Temps d'équilibre (mn)	30
. Vitesse d'agitation ($tr.mn^{-1}$)	250
. Dose de l'adsorbant ($g.L^{-1}$)	25
. Granulométrie (μm)	200-315

Isotherme d'adsorption du cobalt dans les conditions optimales

Le tracé de l'isotherme d'adsorption dans les conditions optimales à une température fixée à 298 K, nous permet de déduire le type d'isotherme selon la classification de Giles, selon l'allure obtenue elle est de type L (Langmuir) (cf. figure (IV.2.6)).

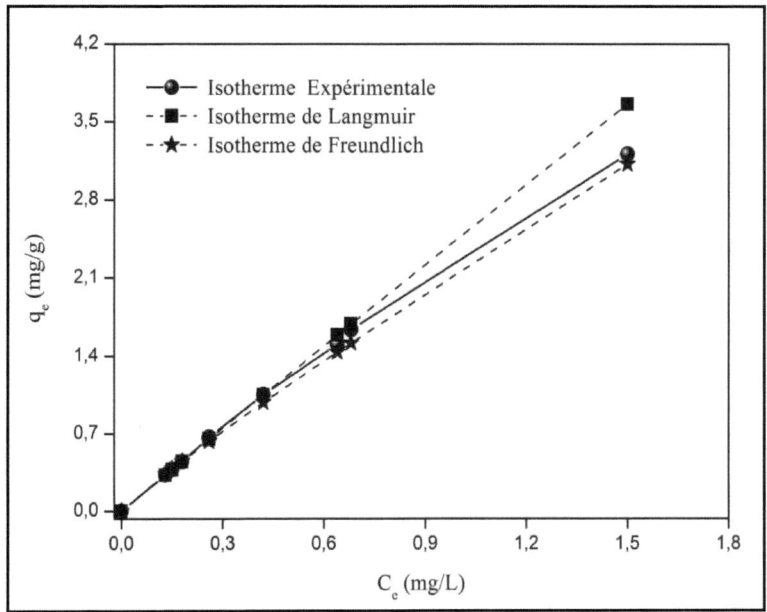

Figure IV.2.6: Comparaison des modèles d'adsorption

L'application des modèles théoriques permet de déduire le modèle présentant la meilleure corrélation, les écarts entre l'isotherme expérimentale et les isothermes théoriques de Langmuir et Freundlich sont représentés dans la figure (IV.2.6).

II.2. Modélisation de l'isotherme d'adsorption du cobalt

Pour la modélisation de l'isotherme d'adsorption du cobalt, les modèles de Langmuir, Freundlich et Temkin ont été appliqués pour vérifier la corrélation entre les résultats expérimentaux et théoriques, les résultats obtenus sont représentés dans les figures IV.2.7 à IV.2.10).

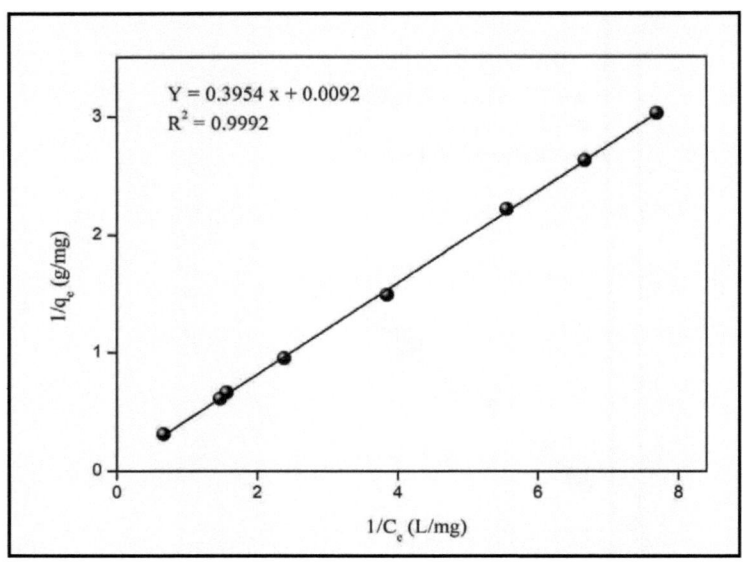

Figure IV.2.7: Modèle de Langmuir (type I)

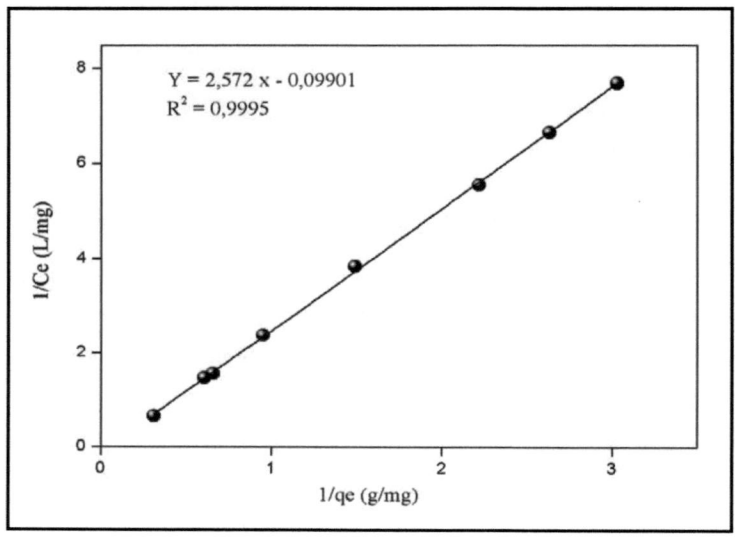

Figure IV.2.8: Modèle de Langmuir (type V)

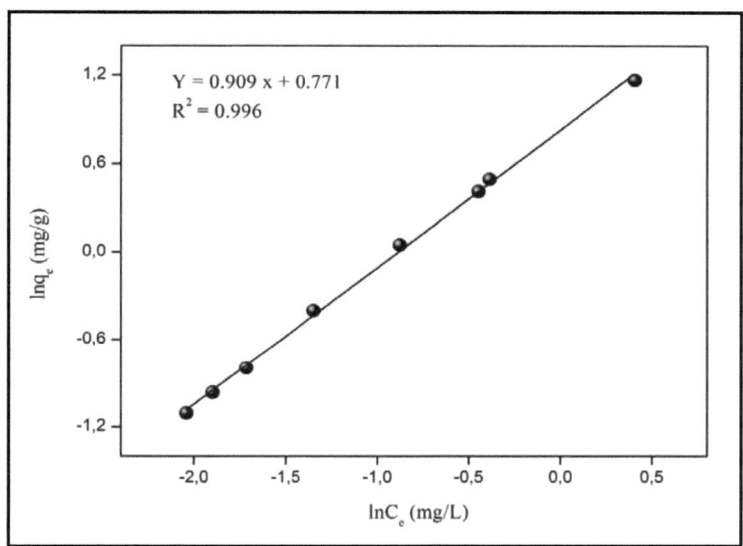

Figure IV.2.9: Modèle de Freundlich

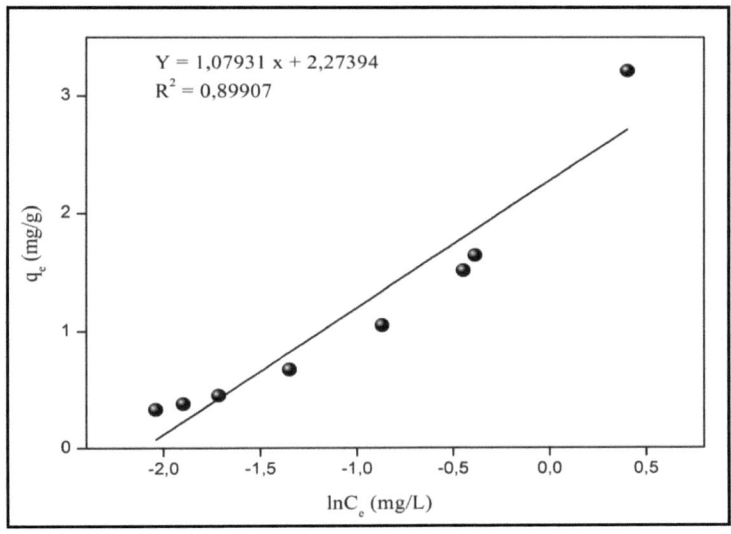

Figure IV.2.10: Modèle de Temkin

Les modèles de Langmuir et Freundlich présentent une bonne corrélation comparés au modèle de Temkin. Il faut noter que le coefficient de corrélations R^2 est insuffisant pour confirmer lequel des deux modèles est adéquat.

Pour élucider cette ambiguïté, un calcul d'erreurs statistique (RMSE et SSE) [3] est nécessaire pour confirmer le meilleur modèle. Le tableau (IV.2.3) résume les résultats obtenus.

Tableau IV.2.3: Comparaison des modèles de Langmuir et Freundlich

q_{exp} (mg.g^{-1})	Langmuir: q_{cal} (mg.g^{-1})	Freundlich: q_{cal} (mg.g^{-1})
0.33	0.32692	0.33809
0.38	0.37705	0.38505
0.45	0.45215	0.45446
0.67	0.65192	0.63483
1.05	1.04932	0.98172
1.51	1.59109	1.43970
1.64	1.68902	1.52126
3.21	3.65872	3.12630
Paramètres statistiques	RMSE (%) : **18.7** SSE (%) : **16.3**	RMSE (%) : **7.4** SSE (%) : **6.4**

Le modèle de Freundlich présente une meilleure corrélation selon les valeurs statistiques RMSE (7.4 %) et SSE (6.4 %), tandis que celles obtenues pour le modèle de Langmuir sont plus élevées RMSE (18.7 %) et SSE (16.3 %) [3].

La figure (IV.2.6) montre que le modèle de Freundlich présente une meilleure corrélation avec les résultats expérimentaux. En effet, l'isotherme théorique obtenue selon le modèle de Freundlich est plus adjacente comparée à celle obtenue expérimentalement. Alors que celle obtenue selon le modèle de Langmuir présente un léger écart comparativement à l'isotherme expérimentale. Ce résultat est bien confirmé par le calcul des paramètres statistiques Le tableau (IV.2.4) regroupe les valeurs des paramètres et les équations de modélisation de l'isotherme d'adsorption du cobalt

Tableau IV.2.4: Valeurs des paramètres et équations de modélisation de
l'isotherme d'adsorption du cobalt.

Paramètres	Equations et valeurs optimales
Modèle de Langmuir	$1/q_e = (1/K_L.q_{max}). 1/C_e + 1/q_{max}$
Tracé Type d'isotherme	$1/q_e = f(1/C_e)$ I
K_L (L.mg^{-1}) q_{max} (mg.g^{-1})	0.0227 111.11
RMSE (%) SSE (%) R^2	18.74 16.23 0.9992
. Modèle de Freundlich	$Ln\ q_e = Ln\ K_F + 1/n\ Ln\ C_e$
K_F (mg.g^{-1}) $1/n$ n	2.160 0.909 1.100
RMSE (%) SSE (%) R^2	7.38 6.39 0.996
Paramètres d'équilibre Pour: $10 < C_0 < 80$ (mg.L^{-1}) Adsorption : $0 < R_L < 1$	$R_L = 1/(1 + K_L.C_0)$ $0.328 < R_L < 0.795$ Adsorption est favorable

Le modèle qui décrit le mieux l'adsorption est celui de Freundlich.
Effectivement, les valeurs des erreurs RMSE (7.38 %) et SSE (6.39 %) sont faibles. La
valeur du coefficient de corrélation R^2 est de 0.996. La valeur du paramètre d'équilibre
R_L calculée dans le domaine de concentration étudié étant comprise entre et 1, ceci
nous permet de conclure que l'adsorption est favorable [4].

II.3. Modélisation de la cinétique d'adsorption du cobalt

La modélisation de la cinétique d'adsorption du cobalt s'effectue par application de trois modèles qui sont: le modèle cinétique de pseudo-second ordre, de pseudo-premier ordre et le modèle de diffusion intraparticules.

Cette modélisation permet la compréhension du mécanisme d'adsorption. Les résultats de la modélisation sont illustrés par les figures (IV.2.11 et IV.2.12).

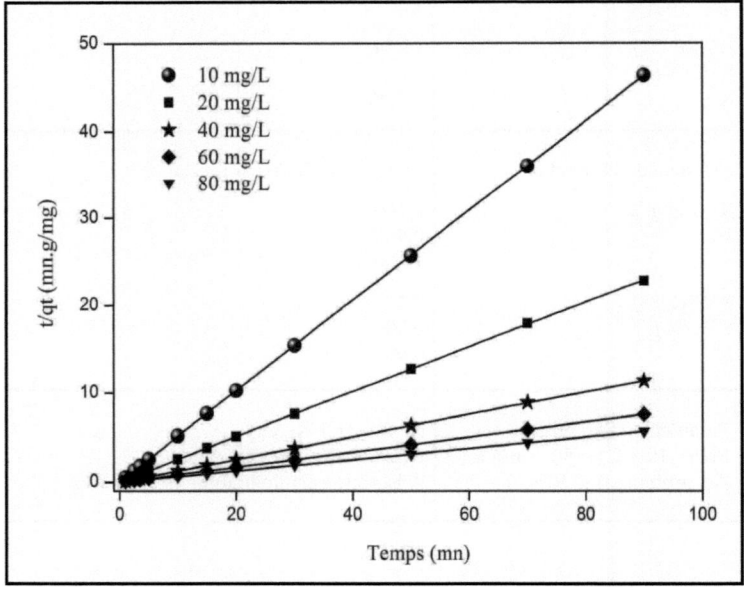

Figure IV.2.11: Modélisation de la cinétique de pseudo-second ordre

$(C_0 = (10\text{-}80)$ mg.L^{-1}, T = 298 K, d = 25 g.L^{-1}, t = 30 mn, pH = 9,

gr = [200-315] μm et v = 250 tr.mn^{-1})

Nous remarquons que le modèle cinétique de pseudo-second ordre décrit parfaitement les résultats expérimentaux et les coefficients de corrélation obtenus selon les droites de régression sont très proches de l'unité, ceci confirme la linéarité des droites.

De plus, les capacités maximales d'adsorption expérimentale et calculée sont très proches, ceci confirme que le modèle cinétique de pseudo-second ordre est approprié pour décrire les résultats expérimentaux

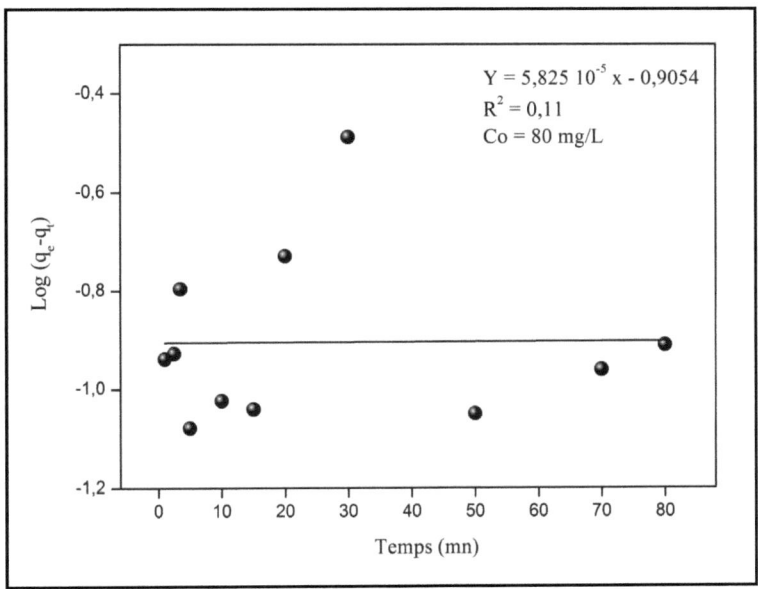

Figure IV.2.12: Modélisation de la cinétique de pseudo-premier ordre

$(Co = 80 \ mg.L^{-1}, T = 298 \ K, d = 25 \ g.L^{-1}, t = 30 \ mn, pH = 9,$

$gr = [200\text{-}315] \ \mu m \ et \ v = 250 \ tr.mn^{-1})$

Le modèle cinétique de pseudo-premier ordre ne décrit pas les résultats expérimentaux selon la figure. IV.2.12. Comme, cela peut être confirmé par la très faible valeur du coefficient de corrélation R^2 (0.11) et par la dispersion des points par rapport à la droite moyenne.

Les capacités maximales d'adsorption expérimentale et calculée ne présentent aucune corrélation. De ce fait, nous pouvons conclure que le modèle cinétique de pseudo-premier ordre ne peut pas être appliqué pour décrire les résultats expérimentaux.

Pour mieux comprendre le mécanisme d'adsorption du polluant sur le NATA, nous avons appliqué le modèle cinétique de diffusion intraparticules (Weeber et Morris) [5] dans le cas de diffusion interne et externe pour justifier l'étape déterminante du mécanisme. Les résultats de la modélisation sont illustrés par la figure (IV.2.13).

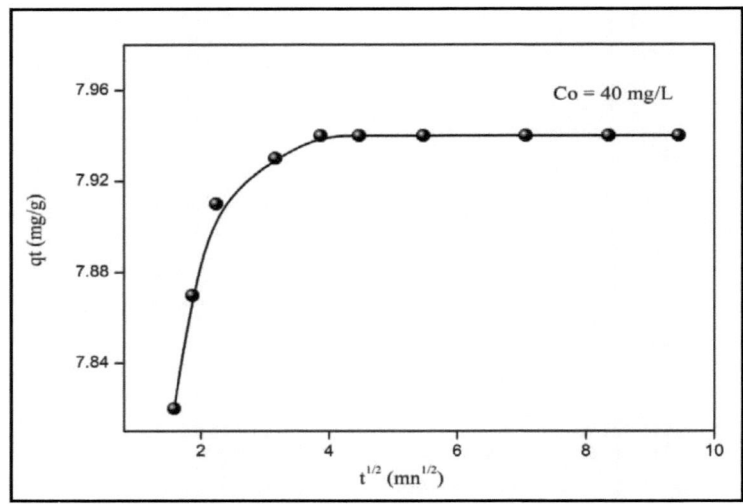

Figure IV.2.13: Modèle de la diffusion intraparticules

($C_0 = 40$ mg.L^{-1}, T = 298 K, d = 25 g.L^{-1}, pH = 9, t = 30 mn,

gr = [200-315] µm et v = 250 tr.mn^{-1})

Le graphe $q_t = f(t^{1/2})$ représenté par la figure (IV.2.13) n'est pas une droite qui passe par l'origine et la constante K_{int} est inversement proportionnelle à la concentration. Par conséquent, le modèle cinétique de diffusion intraparticules n'est pas limitant pour le mécanisme. Il faut noter que d'autres mécanismes peuvent être impliqués dans le phénomène d'adsorption. L'efficacité de l'élimination du cobalt lors de l'augmentation de la dose de l'adsorbant et de la concentration peut être la conséquence de la formation d'hydrate de Co^{2+} et qui sont adsorbés, plus facilement que le cation Co^{2+}, sur les sites négatifs de l'adsorbant NATA. De plus, dans le cas de la diffusion externe, le tracé des droites LnC = f (t) n'est pas une droite, ceci nous permet de conclure que le transport externe ne semble pas être une étape contrôlant la vitesse du processus globale de sorption du Co^{2+} en solution aqueuse par l'adsorbant NATA, par conséquent d'autres mécanismes peuvent être impliqués dans le phénomène d'adsorption.

Les tableaux (IV.2.5 et IV.2.6) résument respectivement les résultats relatifs à la modélisation de la cinétique de pseudo-second ordre, de pseudo-premier ordre et du modèle intraparticules.

Tableau IV.2.5: Résultats de la modélisation de la cinétique d'adsorption du cobalt.

Paramètres	Cinétique de pseudo-second ordre $t / q_t = (1/ k_2 . q_e^2) + 1/q_e . t$	Cinétique de pseudo-premier ordre $Log (q_e - q_t) = Log\ q_e - (K_1 / 2.303). t$
Tracé	$t / q_t = f\ (t)$	$Log (q_e - q_t) = f\ (t)$
C_o (mg.L^{-1})	80	80
Constante	K_2 : 3.200 (g.mn^{-1} g^{-1})	K_1 : 0.277 (mn^{-1})
R^2	0.99	0.01
q_{exp} (mg.g^{-1})	16.05	16.05
q_{cal} (mg g^{-1})	15.93	1.01
$\Delta q/q$ (%)	0.74	93.7

Les résultats de la modélisation de la cinétique d'adsorption du cobalt (Tableaux IV .2.5) montrent que le meilleur modèle est celui de la cinétique de pseudo-second ordre. Effectivement, les valeurs de la capacité d'adsorption expérimentale (q_{exp} = 16.05 mg.g^{-1}) et calculée (q_{cal} = 15.93 mg.g^{-1}) sont très proches. Alors que dans le cas de la cinétique de pseudo-premier ordre, ces deux valeurs sont totalement différentes (q_{exp} = 16.05 et q_{cal} = 1.01 mg.g^{-1}). Ce résultat est confirmé par la valeur du coefficient de corrélation (R^2) qui vaut 0.99 et 0.01 pour les modèles respectifs de la cinétique de pseudo-second ordre et de la cinétique de pseudo-premier ordre. Les résultats obtenus à partir du modèle cinétique de diffusion intraparticules de Weeber et Morris [5] sont regroupés dans le tableau IV.2.6

Tableau IV.2.6: Résultats du modéle de diffusion intraparticules [5].

Paramètres du modèle	$C_0 = 40$ mg.L^{-1}	$Co = 80$ mg.L^{-1}
K_{int} (mg.L^{-1}.mn^{-1})	0.057	0.020
Coefficient de diffusion D_m (cm^2/s)	0.7367 .10^{-12}	

Les valeurs des constantes de diffusion est inversement proportionnelle à la concentration initiale du cobalt et le coefficient de diffusion D_m est très faible, ceci montre qu'il existe d'autre mécanismes en compétition avec le modèle de diffusion intraparticules.

Le mécanisme de la réaction d'adsorption de métaux a été proposé par certains auteurs dans leurs travaux pour interpréter le phénomène [6].

$$M^{2+} + H_2O \longrightarrow M(OH)^+ + H^+ \text{ avec M : } Co^{2+} \text{ (Métal)}$$

$$M(OH)^+ + X^- \longrightarrow XMOH \quad \text{avec } X^- : \text{ (Sites négatifs de l'adsorbant)}$$

D'autres mécanismes de fixation du métal peuvent être superposés. Ainsi, les sites hydrophiles sur la surface de l'adsorbant peuvent entraîner, par un mécanisme d'échange de protons, la formation de complexes [7].

$$M^{2+} + = S(OH)_2 \longrightarrow =SO_xH_{x-2}M + 2H^+ \quad (S = Al, Si, Fe, Mn, Co ..)$$

Notons que pour des pH supérieurs à 9 et pour des doses croissantes de l'adsorbât (cobalt), un phénomène de précipitation de l'hydroxyde de cobalt $Co(OH)_2$ dont le produit de solubilité $K_s = 9.92\ 10^{-15}$ peut également se produire [8, 9].
Cependant, l'efficacité de l'élimination d'un ion métallique dépend principalement de sa nature et de sa taille. Dans le phénomène de chimisorption, les ions métalliques sont liés à la surface de l'adsorbant en formant des liaisons chimiques et tendent à trouver des sites.de fixations qui augmentent leur indice de coordination avec les sites négatifs de la surface de l'adsorbant [10].

II.4. Détermination des grandeurs thermodynamiques

Dans le but de compléter notre étude sur le mécanisme d'adsorption du cobalt, l'effet de la température sur la capacité d'adsorption et la détermination des grandeurs thermodynamiques (enthalpie, entropie et l'enthalpie libre) ont été effectuées. Les résultats de cette étude sont représentés sur les figures (IV.2.14 et IV.2.1)

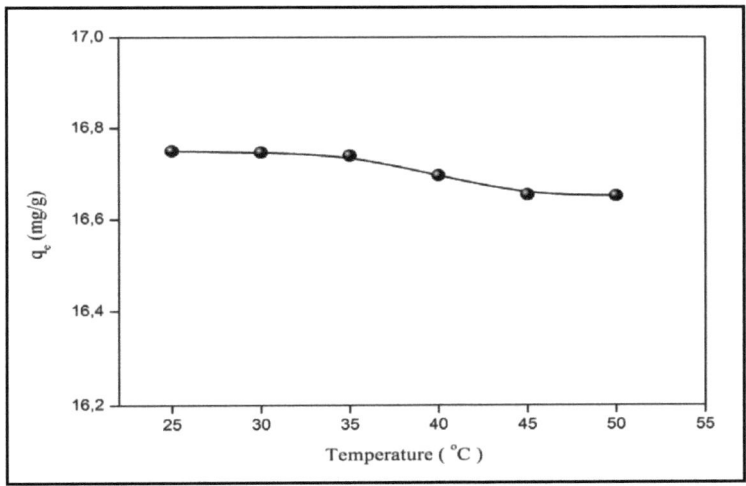

Figure IV.2.14: Effet de la température sur la capacité d'adsorption

($C_0 = 80$ mg L^{-1}, T = (298-323) K, d = 25 g.L^{-1}, t = 30 mn, pH = 9,

gr = [200-315] µm et v = 250 tr/mn)

D'après la courbe (Fig. IV.2.14), nous remarquons que la température a peu d'effet sur la capacité d'adsorption. Nous observons une très faible diminution (0.15 mg.g^{-1}) de la capacité d'adsorption du cobalt par le NATA, cette valeur reste insignifiante pour une telle variation de la température (298-323 K).

La détermination des grandeurs thermodynamiques : enthalpie, entropie et l'enthalpie libre est réalisée par application de la loi de Gibbs Helmotz (Fig. IV.2.15).

141

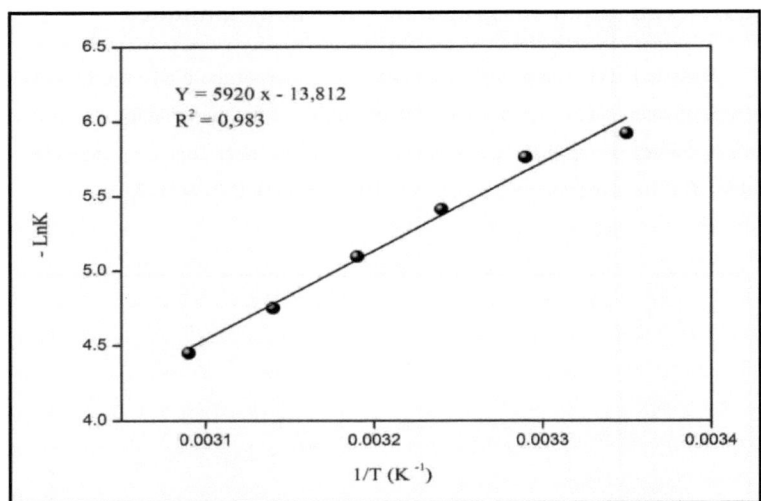

Figure IV.2.15: Détermination des grandeurs thermodynamiques

D'après la loi de Gibbs Helmotz donnée par les relations 1 à 6 :

$$\Delta G = \Delta G^0 + RT \, LnK \quad \text{et à l'équilibre } \Delta G = 0 \qquad \qquad (1)$$

$$\Delta G^0 = -RT \, LnK \qquad \qquad (2)$$

$$\Delta G^0 = \Delta H^0 - T \, \Delta S^0 \qquad \qquad (3)$$

$$-RT \, LnK = \Delta H^0 - T \, \Delta S^0 \qquad \qquad (4)$$

$$-LnK = \Delta H^0 / RT \quad - \Delta S^0 / R \qquad \qquad (5)$$

$$-Ln \, K = 5920 . (1/T) \, - \, 13.812 \quad \text{(déduite de la droite de régression)} \qquad (6)$$

Les valeurs de l'enthalpie et de l'entropie d'adsorption sont déduites par identification des équations (5 et 6), ensuite, les enthalpies libres sont calculées à différentes températures. Les valeurs des grandeurs thermodynamiques sont consignées dans le tableau (III.2.7).

Tableau III.2.7: Valeurs des grandeurs thermodynamiques relatives au cobalt.

Paramètres	Valeur optimale
. Equation $\Delta G^o = - R\ T\ Ln\ K_c$ $\Delta G^o = \Delta H^o - T\ \Delta S^o$. Tracé	$K_c = C_e / (C_o - C_e)$ $- Ln\ K_c = f\ (1/T)$
Enthalpies: ΔH^o (kJ.mol^{-1}) Nature de la réaction Type d'adsorption $\Delta H^o > 40$ (kJ.mol^{-1})	49 Endothermique ($\Delta H^o > 0$) Chimique (Chimisorption) Formation : Monocouche Désorption : Difficile Cinétique : Lente
. Entropie ΔS^o (k J.mol^{-1} K^{-1}) Désordre	0.1148 Désordre du cobalt dans les pores
Température T (^{o}C) 25 30 35 40 45 50 Nature de la réaction	Enthalpie libre ΔG^o (kJ.mol^{-1}) > 0 14.999 14.859 13.850 13.280 12.700 12.130 Non spontanée (Processus irréversible)

Les résultats résumés dans le tableau (III.2.7) montrent que la réaction d'adsorption du cobalt n'est pas spontanée, et la valeur de l'entropie ($\Delta S^o = 0.1148$ kJ.mol^{-1}K^{-1}) correspond à une adsorption désordonnée du cobalt. L'enthalpie ΔH^o étant supérieure à 40 kJ.mol^{-1} nous renseigne que l'adsorption se fait par monocouche et la désorption est difficile. Elle nous informe également que la cinétique d'adsorption est lente.

II.5. Caractérisation de l'adsorbant NATA par fluorescence X

En absence de micrographies au microscope électronique à balayage (MEB) de l'adsorbant NATA avant et après adsorption, nous avons effectué une analyse semi quantitative avec un appareil de fluorescence X de marque Philips. Cette caractérisation permet de quantifier la présence du cobalt dans les pores après adsorption. La figure (IV.2.16) illustre les résultats obtenus.

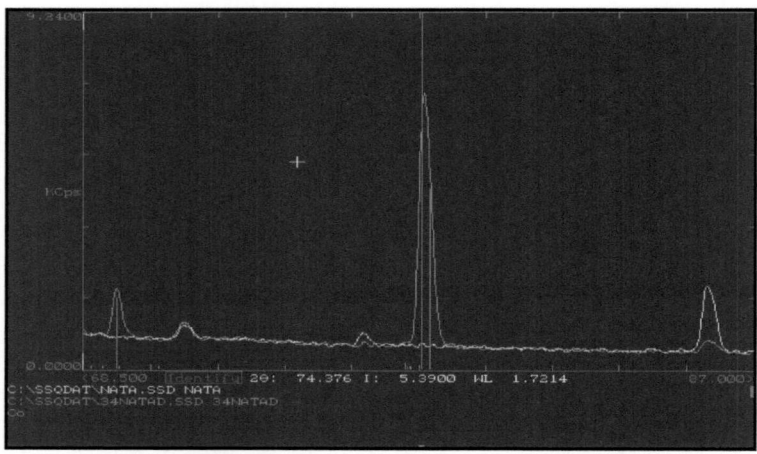

Figure IV.2.16: Vérification du test d'adsorption du cobalt par difraction X

Le diffractogramme illustre une superposition de deux spectres intensité en fonction de l'angle 2théta de l'adsorbant NATA avant et après adsorption. Nous remarquons une différence très nette dans l'apparition des pics. Les nouveaux pics les plus intenses observés dans le spectre de l'adsorbant après adsorption ont des intensités respectives 5.39 et 2.30 K Cp/s. L'application du programme d'identification par rapport à une base de données fiches A.S.T.M (American Society for Testing Materials) montre que ces pics sont attribués au cobalt adsorbé dans les pores.

II.6. Etude comparative de la capacité d'adsorption

Afin de valoriser notre adsorbant, nous avons comparé nos résultats avec ceux d'autres auteurs. Les valeurs de la capacité d'adsorption obtenue et le type d'adsorbant utilisé par d'autres auteurs sont résumés dans le tableau (IV.2.8).

Tableau IV.2.8: Comparaison de la capacité d'adsorption du cobalt
sur différents types d'adsorbants.

Adsorbants	q_{max} (mg.g^{-1})	Références
Un- treated pest moss	30.030	[11]
Pest moss treated with HNO_3	25.510	[11]
Pest moss treated with NaOH	35.210	[11]
T. reesei	80.645	[12]
Hectorite particles	2.650	[13]
Roasted date pits	6.280	[14]
Hezelnut Shells	13.88	[15]
Attapulgite	36.43	[16]
Bentonite	34.73	[16]
Kaolin	37.29	[16]
Attapulgite/ Bentonite	34.37	[16]
Attapulgite/ Kaolin	37.28	[16]
Flomb ayant flowers	50	[17]
Peels of banana	9.02	[18]
South African Coal Fly Ash	24	[19]
Surface Modified Lingo cellulosics	166.66 à T : 303 K	[20]
	181.46 à T : 333 K	[20]
NATA .... (Notre étude)	**111.11**	[21]

Nous remarquons que les résultats obtenus pour l'élimination du polluant cobalt (q_{max} = 111.11 mg.g^{-1}) sont encourageants et que la capacité maximale d'adsorption de l'adsorbant élaboré à base de noyaux d'abricots est satisfaisante par rapport aux résultats retrouvés dans la littérature.

Nous pouvons conclure que l'adsorbant préparé possède de bonnes propriétés adsorbantes (porosité, surface spécifique, groupements fonctionnels...). De plus, il peut constituer un nouveau charbon actif à faible coût. Par conséquent, il est plus attrayant sur le plan économique pour contribuer à la dépollution des effluents industriels.

En outre, la structure de cet adsorbant pourrait être améliorée en modifiant le protocole de préparation. En effet, la calcination pourra se faire dans un four programmable et sous un courant d'argon ou d'azote, et ce mode opératoire produira un adsorbant plus performant pour l'adsorption des métaux lourds et des colorants.

Références bibliographiques du chapitre IV
(Etude paramétrique du cobalt)

[1] Lj.S. Cerovic', S.K. Milonjic', M.B. Todorovic', M.I. Trtanj,Y.S. Pogozhev, Y. Blagoveschenskii, E.A. Levashov, Point of zero charge of different carbides. Colsurfs .Physicochem. Eng. Aspects, V 297 **(2007)** 1-6.

[2] B. Benguella, Y.N Aicha, Elimination des colorants acides en solution aqueuse par la bentonite et le Kaolin, Compte Rendu de Chimie V12, Issue 40365 (2009) 762-771.

[3] S.C. Tsai, K.W Juang, Comparision of Linear and Non-Linear forms of Isotherm models for strontium sorption on a sodium bentonite. Journal of Radioanal. Nuclear Chem., V 243 **(2000)** 741-746.

[4] R. H. Perry's Chemical Engineers Handbook, **(1997)** 6th Edt, McGraw-Hill, USA

[5] W.J. Weber and J.C. Morris, Kinetics of Adsorption on carbon from solution. Journal of Sanitary Engineering. Division ASCE 89, 31 **(1963).**

[6] T. Bastan, M. A. Tabatabai, Effect of cropping systems on adsorption of metals by soils, Soil Science, V 153, 2 **(1992)** 108-114.

[7] B. Serpaud, R. AL- Shukty, Cateigneaum, Adsorption des métaux lourds par les sédiments superficiels d'un cours d'eau, Rev. Scie. Eau 7, 4 **(1994)** 343- 365.

[8] S. Coussin **(1980)**, Contribution à l'amélioration de la qualité des eaux destinées à l'alimentation humaine par utilisation d'argiles au cours des traitements de floculation décantation. Thèse de Doctorat 3^{ieme} cycle Université Paris V, France.

[9] O. Abollino, M. Aceto, C. Sarzanini, E. Mentasli, Adsorption of heavy metals on Na-montmorillonite. Effect of pH and organic substances Wat. Res., V 37 **(2003)** 1619-1627.

[10] P.W. Atkins, Physical Chemistry. 5 th Edition, Oxford **(1995)**, Oxford University Press

[11] C. Camalàu, L. Bulgariu, M. Macoveanu, Coblt removal from Aqueous Solutions by Adsorption on Modified Peat Moss. Chem. Bull. 'Politehnica', V 54 (68) **(2009)** 1.

[12] L. Mehrorang, G Headi, S. Hajati, F. Barazech, G. Ghezelbash. Equilibrium, Kinetic and isotherm of some Metal ion biosorption. J.of Indus.and Eng Chem V 19 **(2013)** 987-992.

[13] M.L. Schlegel, A. Manceau, D. Chateigner, L. Charlet. Sorption of metal ions on clay minerals, Journal of colloid and Interface Science, V 285 **(1999)** 140-158.

[14] S.A. Al-Jlil. Equilibrium study of adsorption of cobalt ions from Wastewater using Saoudi roasted date pits, Research Journal of Environmental Toxicology, V 4,1 **(2010)** 1-12.

[15] E. Demirbas, Adsorption of cobalt (II) ions from aqueous solution onto activated carbon prepared from hezelmut shells, Adsor. Scien. and Technology, V 21, N10 **(2003)**.

[16] A.F. Hussain, Adsorption of cobalt (II) from aqueous solution on selected Iraqi clay surfaces, National Journal of Chemistry, V 30 **(2008)** 229-250.

[17] T.O. Jimoh,Y.A Iyaka, MM Nubaye, Sorption study of Co (II), Cu (II) and Pb (II) ions removal from aqueous solution by adsorption on flomb ayant flowers (Delonix Regia) Amirican Journal of Chemistry 2(3), **(2012)** 165-170.

[18] Z. Abbasi, M. Ali Karami, E. Nezhad, F. Moradi, Adsorption removal of Co^{2+} and Ni^{2+} by peels of banana from aqueous solution. Universal Journal of chemistry 1(3) **(2013)** 90-95.

[19] S. Muzapatika, M. Onyango, O. Aoyi , Co (II) removal, from synthetic wastewater by Adsorption of South African coal fly Ash. South African J. Science V106 N 9(10) **(2010)** 1-7.

[20] I.G. Shib, T.S. Anirudhan, Kinetic and equilibrium modeling of adsorption of Co^{2+} from aqueous solution onto surface modified lingo Cellulosics (Musa paradisiaca). Indian Journal of chemical technology V 13 **(2006)** 567-575.

[21] M. Abbas, S. Kaddour, M. Trari, Equilibrium and kenitic studies of cobalt adsorption on apricot stone activated carbon. Journal of industrial and Engineering Chemistry V 20, Issue 3 **(2014)** 745-751.

3. ETUDE PARAMETRIQUE DU COLORANT G-250

III. LE BLEU DE COOMASSIE G-250

Le colorant que nous avons choisi comme polluant est le bleu de Coomassie G-250 de pureté 99.99 % d'origine « Labosi ».

III.1. Caractéristiques du bleu de Coomassie G-250

La structure du bleu de Coomassie G-250 (BC) est représentée par la figure (IV.3.1).

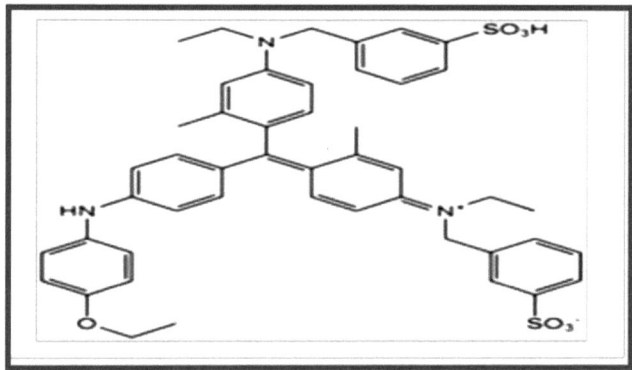

Figure IV.3.1: Structure du colorant bleu de Coomassie G-250

La longueur d'absorption maximale du bleu de Coomassie G-250 est déterminée en effectuant un balayage avec un spectrophotomètre UV-Visible de marque « Perkin Elmer 550S ». Le balayage est réalisé de 380 à 800 nm à différentes concentrations et aux pH suivants : acide (pH 1.8), basique (pH 13) et naturel (pH 6.30). La figure (IV.3.2) illustre la variation de l'absorbance en fonction de la longueur d'onde.

149

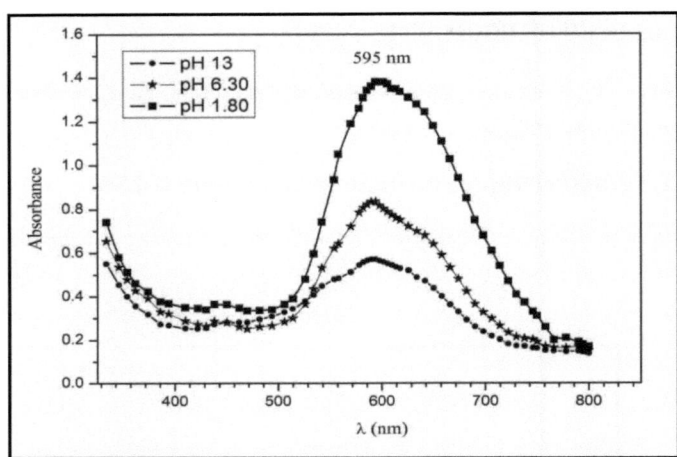

Figure IV.3.2: Spectre d'absorption du bleu de Coomassie G-250

La figure (IV.3.2) montre que la longueur d'onde d'absorption maximale correspond à λ = 595 nm pour les différents pH. L'absorbance sera mesurée à cette longueur d'onde pour les solutions du colorant BC lors des tests d'adsorption. La concentration du colorant BC sera déterminée par le biais de la courbe d'étalonnage dont la droite de régression est de type : $y = 0.03213x - 0.00216$ avec un coefficient de corrélation $R^2 = 0.998$. Les caractéristiques physicochimiques du colorant BC ainsi que sa composition chimique sont résumées respectivement dans les tableaux (IV.3.1) et (IV.3.2).

Tableau IV.3.1: Caractéristiques physicochimiques du bleu de Coomassie

Nom commercial	Coomassie Brilliant Blue (G-250)
Formule brute	$C_{47}H_{49}N_3NaO_7S_2$
Masse molaire $(g.mol^{-1})$	855.028 ± 0.054
Masse volumique $(g.mL^{-1})$	0.96
Longueur d'onde d'absorption λ_{max} (nm)	595
Indice de réfraction	1.334

Tableau IV.3.2: Composition chimique du colorant bleu de Coomassie

Elements	C	H	N	Na	O	S
Composition massique (%)	66.02	5.78	4.91	2.69	13.10	7.50

150

Le colorant BC est composé essentiellement de 66.02 % carbone, 13.10 % d'oxygène, 7.50 % de soufre et d'autres éléments en faibles quantités. La couleur des deux colorants BC R-250 et BC G-250 dépend du pH de la solution.

- A un pH < 0, le colorant est rouge avec un maximum d'absorption à λ = 470 nm.
- A un pH = 1, le colorant est vert avec un maximum d'absorption à λ = 650 nm
- A un pH > 2, le colorant est bleu vif avec un maximum à λ = 595 nm.

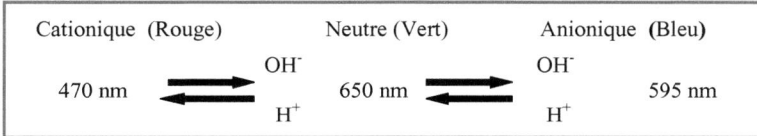

Les différentes couleurs sont le résultat de quelques états de charge de la molécule du colorant. Dans la forme rouge, les trois atomes d'azote portent une charge positive et les deux groupes d'acide sulfonique sont chargés négativement. Par conséquent, à un pH proche de zéro, le colorant sera un cation avec une charge globale de 1. A pH neutre (pH 7), seul l'atome d'azote du groupement diphénylamine porte une charge positive et le reste de la molécule du colorant bleu est un anion de charge globale **-1 [1].**

III.2. Etude paramétrique du colorant bleu de Coomassie G-250

L'effet de différents paramètres influant la capacité d'adsorption du colorant sur le NATA a été étudiée. Cette étude consiste à faire varier un seul paramètre tout en gardant les autres fixes, une fois optimisé, il sera conservé pour les autres tests d'adsorption. Le même procédé sera suivi jusqu'à l'optimisation de la granulométrie, du pH, de la concentration du polluant, de la vitesse d'agitation, de la dose de l'adsorbant et du temps de contact.

III.2.1. Effet de la concentration du colorant

La figure IV.3.3) illustre l'effet de la concentration initiale du colorant BC sur la capacité d'adsorption en fonction du temps de contact.

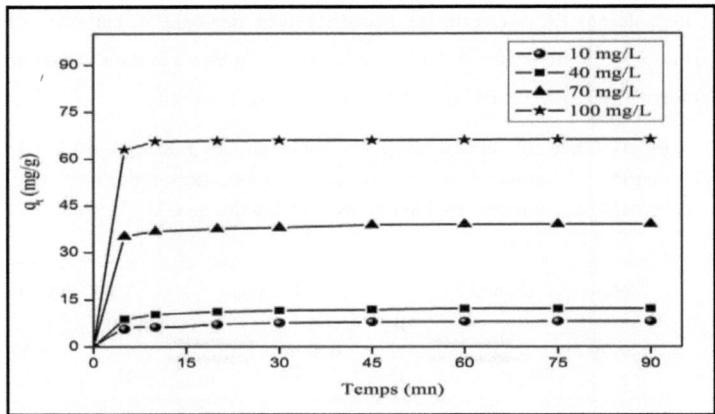

IV.3.3: Effet de la concentration initiale du colorant BC et du temps de contact sur la capacité d'adsorption du NATA

(C_o = (10-100) mg.L^{-1}, T= 295 K, d = 1.5 g.L^{-1}, t = 90 mn, V = 15 mL, pH = 2, gr = [315-800] μm et v = 300 tr.mn^{-1})

La figure (IV.3.3) montre que la quantité de colorant BC adsorbé par le NATA augmente lorsque la concentration initiale du colorant augmente (pour C_o= 10 mg.L^{-1}, q_e = 8.09 mg.g^{-1} et pour C_o= 100 mg.L^{-1}, q_e = 66.17 mg.g^{-1}). Le temps d'équilibre peut être estimé à 45 mn car le processus d'adsorption est accéléré au début de la réaction, ceci est attribué à une disponibilité importante des pores inoccupés. Il faut noter qu'avec l'augmentation du temps de contact, la disponibilité des pores inoccupés diminue de plus en plus. Le phénomène d'adsorption diminue jusqu'à ce que l'équilibre soit atteint, et qui se traduit par une occupation de tous les pores.

III.2.2. Effet du pH

Le pH joue un rôle important dans le processus d'adsorption, en particulier sur la capacité d'adsorption. La figure (IV.3.4) illustre l'effet du pH sur l'adsorption du colorant BC sur l'adsorbant NATA.

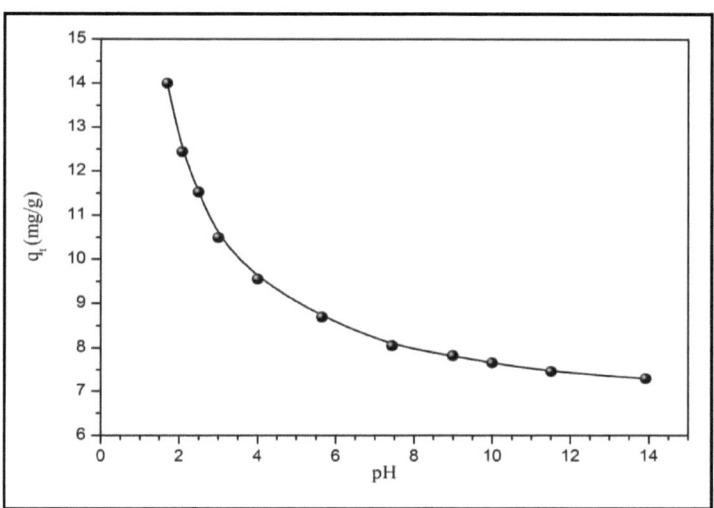

Figure IV.3.4: Effet du pH sur la capacité d'adsorption du BC du NATA

($C_0 = 20$ mg.L^{-1}, $T = 293$ K, $d = 3$ g.L^{-1}, $t = 45$ mn, $V = 30$ mL,
gr = [315-800] μm et v = 300 tr.mn^{-1})

Nous constatons que la capacité d'adsorption du colorant par le NATA ne varie pas dans le même sens que le pH. Effectivement, la quantité maximale adsorbée (qe =14 mg.g^{-1}), correspond à un rendement de 70 % d'élimination du colorant, elle est obtenue pour un pH 2 (Figure IV.3.4).

Aux pH acides, les charges positives sont prédominantes à la surface de l'adsorbant NATA (pH < pH_{zpc} 7.05) ceci provoque de fortes attractions électrostatiques avec les charges négatives du colorant BC, qui est de couleur bleu donc de la forme anionique pour un pH >1.8) [1]. La valeur optimale du pH est 2, les tests d'adsorption du colorant BC seront étudiés à ce pH.

III.2.3. Effet de la granulométrie

La figure (IV.3.5) illustre l'effet de la granulométrie de l'adsorbant NATA sur la quantité de colorant BC adsorbée.

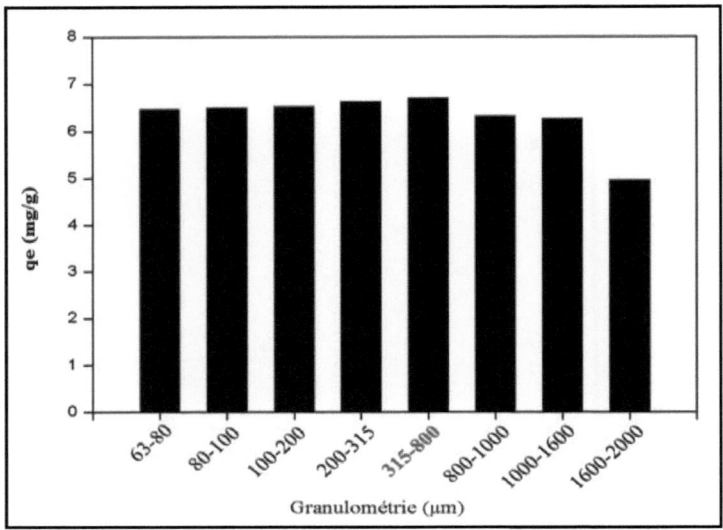

Figure IV.3.5: Effet de la granulométrie sur la capacité d'adsorption du NATA

(C_0 = 20 mg.L^{-1}, T = 293 K, d = 1.5 g.L^{-1}, t = 45 mn, V= 10 mL, pH = 2 et v = 300 tr.mn^{-1})

D'après la figure (IV.3.5), nous remarquons que la capacité d'adsorption maximale (q_m = 6.7 mg.g^{-1}) est obtenue pour la granulométrie [315-800] µm, cette granulométrie optimale sera utilisée pour la suite du travail. Il faut noter que pour les granulométries inférieures à [315-800] µm restent de bons adsorbants pour ce colorant.

III.2.4. Effet de la vitesse d'agitation

La vitesse d'agitation a un effet important sur le phénomène d'adsorption car elle favorise le contact entre l'adsorbant et l'adsorbat, ce qui provoque des forces d'attraction électrostatiques entre les charges négatives du colorant et les sites positifs de l'adsorbant. Néanmoins, il existe une limite de vitesse qui favorise l'adsorption du colorant par le NATA, au delà de cette limite une désorption peut se produire. La figure (IV.3.6) représente la variation de la quantité du colorant BC adsorbée par le NATA en fonction de la vitesse d'agitation.

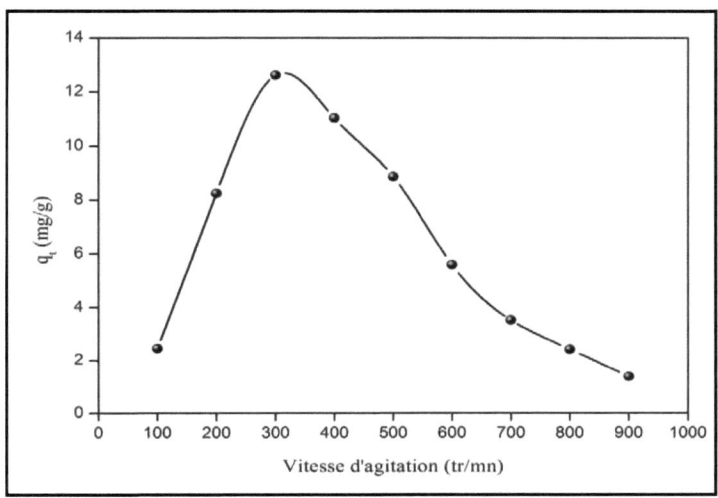

Figure IV.3.6: Effet de la vitesse d'agitation sur la capacité d'adsorption du NATA

$(C_0 = 40 \text{ mg.L}^{-1}, T = 295 \text{ K}, d = 2 \text{ g.L}^{-1}, t = 45 \text{ mn}, gr = [315\text{-}800] \text{ µm},$
$pH = 2 \text{ et } v = (100\text{-}900) \text{ tr.mn}^{-1})$

La figure (IV.3.6) montre que la quantité du colorant adsorbée passe par un maximum ($q_e = 12.63$ mg.g^{-1}) correspondant à une vitesse d'agitation optimale de 300 tr.mn^{-1}, au-delà de cette valeur, elle diminue et atteint une valeur de 1.4 mg.g^{-1} pour une vitesse de 900 tr.mn^{-1}. La vitesse d'agitation optimale de 300 tr.mn^{-1} est retenue pour la suite de travail. Cette vitesse est suffisante pour favoriser le contact entre les particules de l'adsorbant NATA et les molécules du colorant BC. Pour des vitesses d'agitation élevées comprises entre 900 à 1250 tr.mn^{-1}, un phénomène de tourbillon se produit et le processus devient une désorption.

III.2.5. Effet de la dose de l'adsorbant

La variation de la quantité (q_e) de colorant BC adsorbé en fonction de la dose est illustrée par la figure (IV.3.7). La mesure du pH effectuée pour chaque dose d'adsorbant montre que pour des doses variant de 1 à 7 g.L^{-1}, le pH reste pratiquement constant (2.05 à 1.98), ceci nous permet de conclure que l'adsorbant est stable et ne relargue pas de protons H$^+$ en solution aqueuse.

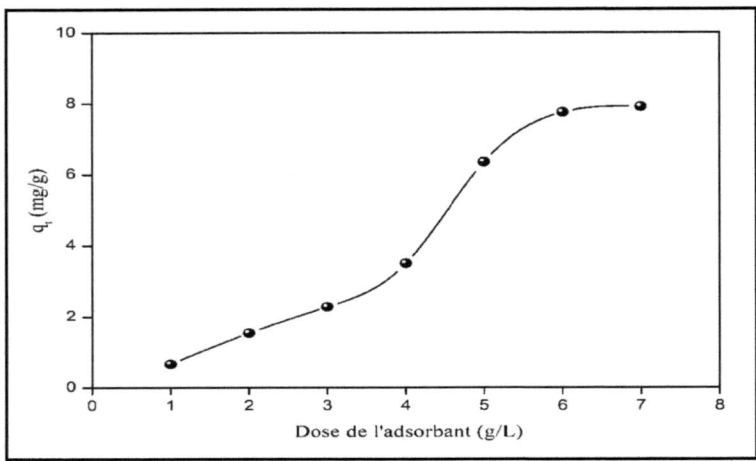

Figure IV.3.7: Effet de la dose de l'adsorbant sur la capacité d'adsorption

($C_0 = 20$ mg.L^{-1}, T = 295 K, d = (1-7) g.L^{-1}, t = 45 mn, pH = 2, V = 15 mL,
gr = [315-800] μm et v = 300 tr.mn^{-1})

D'après la figure (IV.3.7), nous remarquons que la capacité d'adsorption varie dans le même sens que l'adsorbant pour des doses d'adsorbant de 1 et 7 g.L^{-1}, les quantités adsorbées « q_e » sont respectivement 0.66 et 7.91 mg.g^{-1}. Le maximum d'adsorption du colorant par le NATA est observé pour une dose optimale de l'adsorbant de 7 g.L^{-1}. Il est primordial de trouver les valeurs optimales des paramètres influant sur la capacité d'adsorption pour tracer l'isotherme caractéristique du processus d'adsorption du colorant BC par le NATA. L'étude expérimentale des différents paramètres nous a permis de connaitre les valeurs optimales qui sont consignées dans le tableau (IV.3.3).

Tableau IV.3.3: Valeurs optimales des différents paramètres

Paramètres	Valeurs optimales
pH	2
Temps du contact (min)	45
Vitesse d'agitation (tr.mn^{-1})	300
Dose de l'adsorbant (g.L^{-1})	7
Granulométrie (μm)	315-800

L'étude précédente est nécessaire pour connaitre les conditions optimales pour le tracé de l'isotherme du processus d'adsorption du colorant BC par l'adsorbant NATA et comparer cette isotherme à celle établie dans la classification de Gill et al. [2]. Les isothermes d'adsorption du colorant BC dans les conditions optimales aux températures 295 et 323 K sont représentées par la figure (IV.3.8).

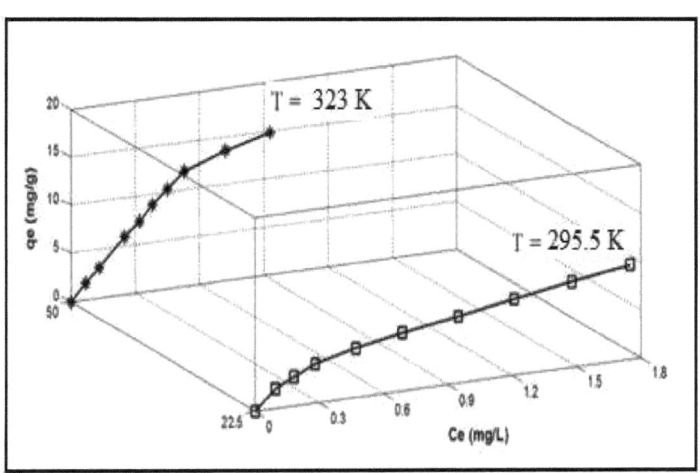

Figure IV.3.8: Isothermes d'adsorption du colorant BC sur le NATA

$(C_o = (0-100)$ mg.L^{-1}, $T = 295$ et 323 K, $t = 45$ min, pH $= 2$, $d = 7$ g.L^{-1}
,gr $= [315-800]$ μm et $v = 300$ tr. mn^{-1})

Selon la figure (IV.3.8), les isothermes d'adsorption du colorant BC sont du type Langmuir 'L' conformément à la classification de Gill et al. [2]. Nous remarquons que la quantité adsorbée en colorant BC est plus importante à une température élevée ($q_m = 10.02$ mg.g^{-1} à 295 K et $q_m = 98.02$ mg.g^{-1} à 323 K). Par conséquent, une augmentation de la température favorise le processus d'adsorption ; ceci peut s'expliquer par l'affinité existant entre le colorant anionique et les sites de fixation positifs de l'adsorbant. Nos résultats sont en accord avec ceux trouvés par hardryari et al. [3] et Zou et al. [4] (Tableau IV.3.4).

Tableau IV.3.4: Valeurs de la quantité adsorbée en fonction de la température

Auteur	Température (K)	q_m (mg.g^{-1})	Polluant	Adsorbant
Hardryari et al. [3]	290	103.62	Bleu de	Nano tube de
	300	109.31	méthylène	carbone
	310	119.70		
Zou et al. [3]	293	115.84	Bleu de	Sciure de bois
	303	119.02	méthylène	modifiée
	313	160.28		
Notre étude	295	10.02	Bleu de	NATA
	323	98.02	Coomassie	

L'évolution du paramètre d'équilibre R_L en fonction de la concentration initiale pour une série de concentrations variant de 10 à 100 mg.L^{-1} pour les deux températures étudiées 295 et 323 K est illustrée par la figure (IV.3.9).

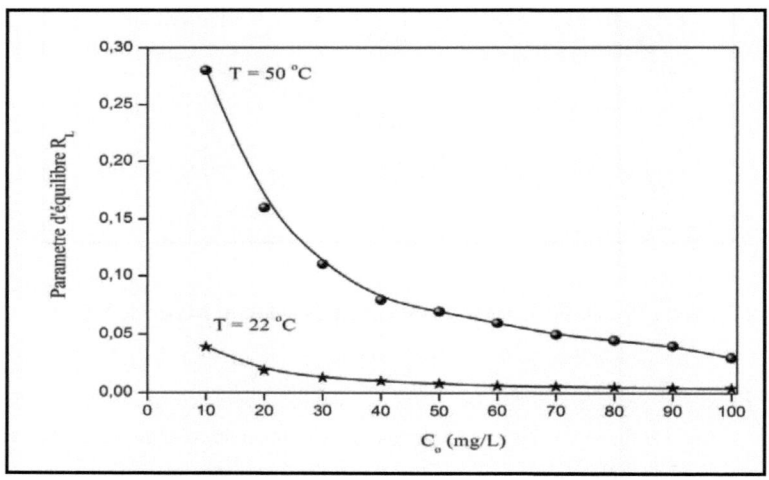

Figure IV.3.9: Variation du paramètre d'équilibre en fonction de la concentration

L'allure du graphe (Figure IV.3.9) montre que le mécanisme d'adsorption est fonction de la température. Les valeurs du paramètre d'équilibre R_L calculées sont comprises entre 0.004 et 0.039 à 295 K, alors qu'à 323 K les valeurs sont supérieures, elles varient de 0.03 à 0.28. La valeur du paramètre d'équilibre R_L est comprise entre 0 et 1 ($0 < R_L < 1$), ce résultat confirme que l'adsorption a lieu [5].

III.3. Modélisation de l'isotherme d'adsorption du colorant BC

La modélisation des isothermes d'adsorption du colorant BC aux températures 295 et 323 K montrent que seuls les modèles de Freundlich et Temkin peuvent être appliqués pour déterminer la capacité d'adsorption maximale et de déduire le modèle théorique qui décrit le mieux les résultats expérimentaux. Nous avons jugé que les autres modèles testés ne présentent pas une corrélation acceptable (coefficient de détermination bien inférieur à l'unité). Les résultats des modélisations aux deux températures des meilleurs modèles obtenus sont représentés dans les figures (IV.3.10 à IV.3.13).

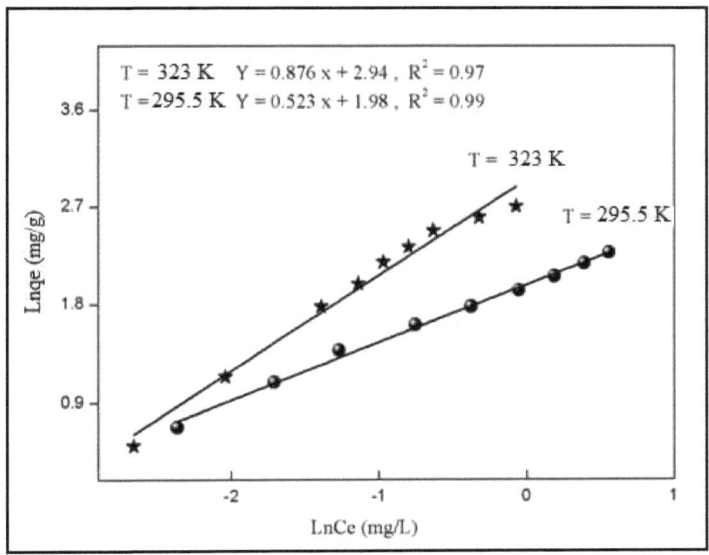

Figure IV.3.10: Modèle de Freundlich

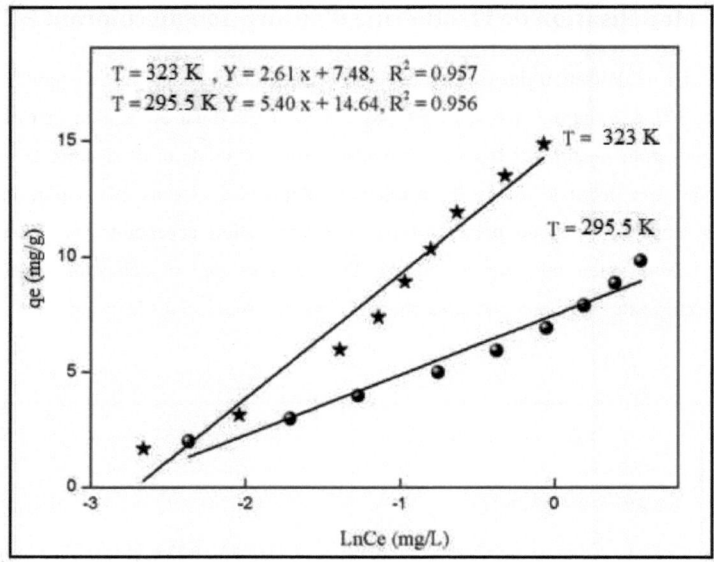

Figure IV.3.11: Modèle de Temkin

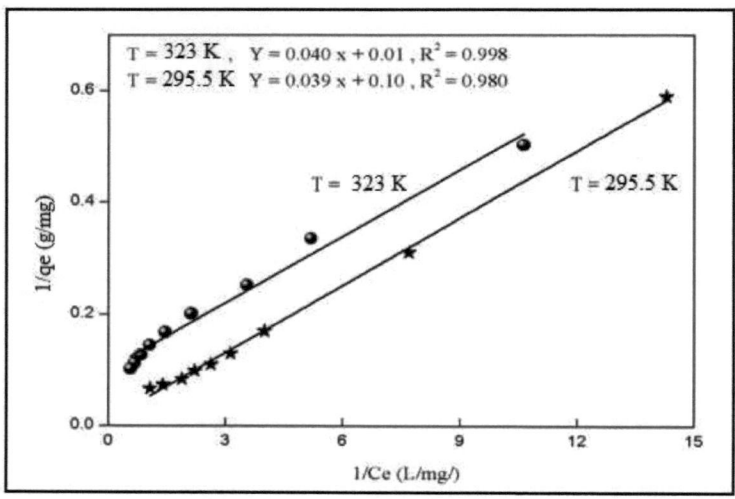

Figure IV.3.12: Modèle de Langmuir (type I)

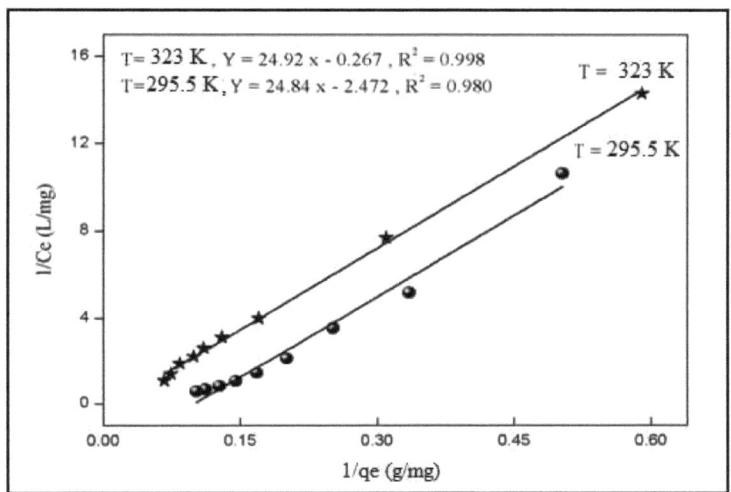

Figure IV.3.13: Modèle de Langmuir (type V)

Les valeurs de la quantité maximale q_{max} (mg. g^{-1}), des constantes des modèles et des coefficients de corrélation R^2 sont déduites graphiquement des figures (IV.3.10 à IV.3.13), et les paramètres statistiques RMSE et X^2 **[6]** calculés par comparaison des isothermes théoriques et expérimentales sont consignés dans le tableau (IV.3.5).

Tableau IV.3.5: Résultats de la modélisation des isothermes
aux températures 295.5 et 323 K.

Modèles	Langmuir		Freundlich		Temkin	
	$1/qe = f(1/Ce)$	$1/Ce = f(1/qe)$	Paramètres	$\ln qe = f(\ln Ce)$	Paramètres	$qe = f(\ln Ce)$
T = 295.5 K						
q_{max} (mg/g)	**9.90**	**10.09**	$1/n$	0.52	B	2.6124
K_L (L.mg^{-1})	2.55	2.46	K_F (mg.g^{-1})	7.25	$\ln A$ (L/g)	7.48
R^2	0.96	0.96	R^2	0.99	R^2	0.92
RMSE	.	04522	RMSE	0.0144	RMSE	117.21
X^2	.	0.0587	X^2	0.034	X^2	0.6876
T = 323 K						
q_{max} (mg.g^{-1})	**94.60**	**98.022**	$1/n$	0.876	B	5.4001
K_L (L.mg^{-1})	0.26	0.253	K_F (mg.g^{-1})	19	$\ln A$ (L/g)	14.64
R^2	0.996	0.996	R^2	0.96	R^2	0.96
RMSE	.	1.9360	RMSE	1.345	RMSE	4149.33
X^2	.	0.1093	X^2	0.0939	X^2	56.998

Les valeurs des coefficients de corrélation obtenus pour les trois modèles montrent que les modèles de Langmuir et de Freundlich décrivent mieux les résultats expérimentaux. Le calcul statistique des paramètres RMSE, X^2 montrent que les plus faibles valeurs de ces paramètres sont obtenues pour le modèle de Freundlich, par conséquent, nous pouvons dire que le modèle de Freundlich décrit le mieux les résultats expérimentaux [6].

III.4. Modélisation de la cinétique d'adsorption du colorant BC

Pour mieux comprendre le phénomène d'adsorption du colorant BC par l'adsorbant NATA, nous avons appliqué les modèles cinétiques de pseudo-premier ordre et de pseudo-second ordre et le modèle de diffusion intraparticules (interne et externe) pour déterminer l'étape limitante du processus d'adsorption et d'interpréter le mécanisme mis en jeux. Les résultats obtenus sont illustrés par les figures (IV.3.14, IV.3.15 et IV.3.16).

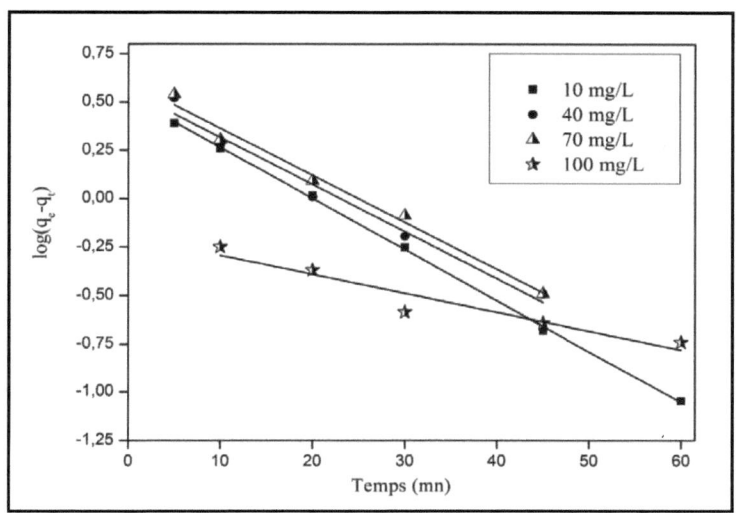

Figure IV.3.14: Modèle cinétique du pseudo-premier ordre

(C_o = (10-100) mg.L^{-1}, T = 295 K, d = 7 g.L^{-1}, t = 45 mn, pH = 2,
gr = [315-800] μm et v = 300 tr.mn^{-1})

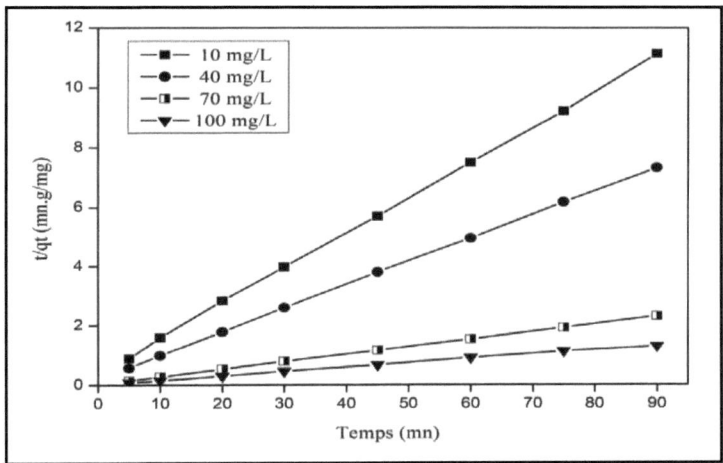

Figure IV.3.15: Modèle cinétique pseudo-second ordre

(C_0 = (10-100) mg/L, T = 295.5 K, d = 7 g.L^{-1}, t = 45 mn, pH = 2,
gr = [315-800] μm et v = 300 tr.mn^{-1})

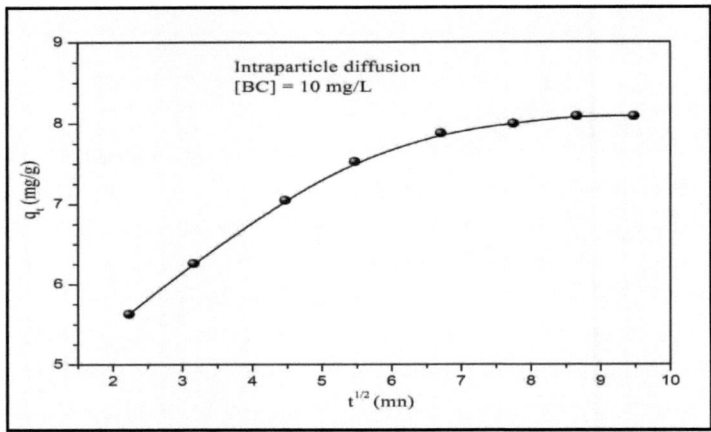

Figure IV.3.16: Modèle de diffusion intraparticules

$(C_0 = 10$ mg.L^{-1}, T = 295.5 K, d = 7 g.L^{-1}, t = 45 mn, pH = 2,

gr = [315-800] µm et v = 300 tr. mn^{-1})

Les valeurs des constantes de vitesse, les quantités d'adsorption maximales q_{exp} et les coefficients de corrélation R^2 des deux modèles cinétiques de pseudo-premier ordre et de pseudo-second ordre ainsi que celui de la diffusion intraparticulaires sont regroupées dans le tableau (IV.3.6).

Tableau IV.3.6: Résultats relatifs aux modèles cinétiques de pseudo-premier ordre, pseudo-second ordre et de la diffusion intraparticules

C_0 (mg.L^{-1})	q_{ex} (mg.g^{-1})	Cinétique de pseudo-premier ordre					Cinétique de pseudo-second ordre				Diffusion Intraparticules T = 295.5 K	
		q_{cal} (mg.g^{-1})	$\Delta q/q$ (%)	K_1 (mn^{-1})	R^2	q_{cal} (mg.g^{-1})	$\Delta q/q$ (%)	K_2 (g/mn.mg)	R^2	K_{Int} (mg/gmn$^{1/2}$)	D (cm^2.s^{-1})
10	8.08	3.376	57.59	0.0608	0.99	8.389	3.6	0.0389	0.99	0.58923	4.11.10^{-6}
40	12.14	3.645	69.97	0.0566	0.94	12.583	3.49	0.0318	0.99		
70	38.72	4.036	89.58	0.0566	0.94	39.2	1.22	0.3644	0.99		
100	66.18	0.63	99.05	0.0022	0.79	68.493	3.37	0.017	0.99		

Nous remarquons que la modélisation de la cinétique de pseudo-premier ordre (Figure IV. 3.14) ne présente pas une corrélation entre la capacité d'adsorption maximale expérimentale (8.09 à 66.18 mg.g^{-1}) et celle calculée (0.63 à 3.37 mg.g^{-1}) et les coefficients de détermination sont très loin de l'unité. Par conséquent, le modèle cinétique de pseudo-premier ordre ne peut pas être appliqué pour décrire les résultats expérimentaux.

Par contre, l'application du modèle cinétique de pseudo-second ordre (Figure IV. 3.15) montre que ce modèle décrit parfaitement les résultats expérimentaux car la capacité d'adsorption maximale expérimentale (8.09 à 66.18 mg. g^{-1}) et celle calculée (8.38 à 68.493 mg.g^{-1}) sont très proches et les coefficients de corrélations R^2 sont de l'ordre de 0.99 ce qui confirme la linéarité des courbes moyennes.

Nous remarquons que les capacités d'adsorption calculées q$_{cal}$ dans le cas de la cinétique de pseudo-second ordre sont en bon accord avec les quantités expérimentales q$_{exp}$, et l'erreur relative est de l'ordre de 1.22 à 3.60 % et les coefficients de corrélation (R^2 : 0.99) sont proches de l'unité, tandis que celles calculées à partir de la cinétique de pseudo-premier ordre ne présentent aucune corrélation car l'incertitude relative est comprise entre 57.59 et 99.05 % ; et R^2 vaut 0.94. Nous pouvons conclure que le modèle de pseudo second ordre décrit mieux le processus d'adsorption du colorant BC sur l'adsorbant NATA, ces résultats sont en accord avec ceux obtenus par les auteurs Naveen et al. [7] et Ata et al. [8].

L'application du modèle de diffusion interne (q$_t$ = f (t$^{1/2}$) – Figure IV.3.16) ne donne pas une droite. Par conséquent, ce modèle n'est limitant du processus d'adsorption du colorant sur le NATA, d'autres mécanismes peuvent être impliqués dont à titre d'exemple :

- La fixation du colorant par la mise en commun des doublets électroniques.
- La fixation du colorant par échange d'ions.
- La fixation du colorant par des liaisons hydrogène.
- La fixation du colorant par des forces électrostatiques.

III.5. Détermination des grandeurs thermodynamiques

Dans le but de déterminer les grandeurs thermodynamiques et de connaitre l'effet de la température sur la capacité d'adsorption. Nous avons effectué des tests d'adsorption du colorant BC de concentration initiale 80 mg.L⁻¹ dans les conditions optimales en faisant varier la température de 295.5 à 329 K.

L'application de la loi de Gibbs Helmotz [9] nous permet de déduire les enthalpies libres à différentes températures. La figure (IV.3.17) représente l'effet de la température sur la capacité d'adsorption de l'adsorbant NATA.

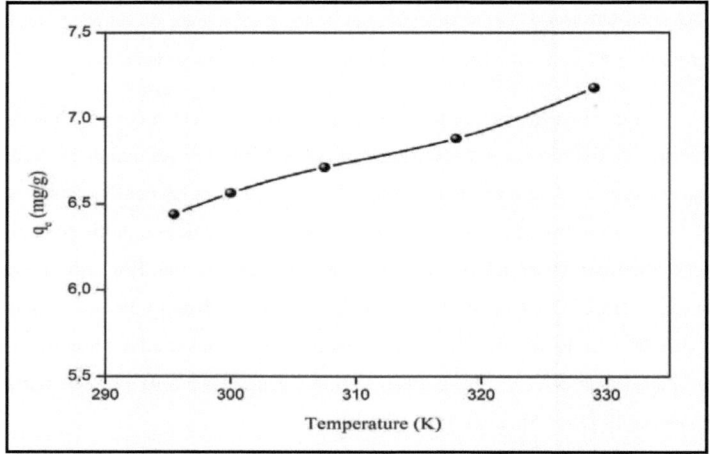

Figure IV.3.17: Effet de la température sur la capacité d'adsorption sur NATA

($C_0 = 80$ mg.L⁻¹, T = (295.5-300) K, d = 7 g.L⁻¹, t = 45 mn, pH = 2,

gr = [315-800] µm et v = 300 trs.mn⁻¹)

Nous remarquons que la capacité d'adsorption de l'adsorbant NATA varie dans le même sens que la température. L'application de la loi de Gibbs Helmotz : $\Delta G° = -RTLn\ K_L$ où K_L représente la constante de Langmuir, T : la température et R : la constante des gaz parfaits. Elle permet de déterminer l'enthalpie, l'entropie et les enthalpies libres d'adsorption. Les valeurs des grandeurs thermodynamiques sont résumées dans le tableau (IV.3.7).

Tableau IV.3.7: Grandeurs thermodynamiques relatives à l'adsorption du colorant

T (K)	K_L (L.mg^{-1})	$\Delta G°$ (kJ.mol^{-1})	$\Delta H°$ (kJ.mol^{-1})	$\Delta S°$ (J.mol^{-1}.K^{-1})
295	2.55	-19.27	-55.088	121.209
329	0.26	-15.21		

Les valeurs des enthalpies libres sont négatives dans le domaine de températures étudiées (295.5 et 329 K), ceci montre que la réaction est spontanée. L'augmentation de l'enthalpie libre explique que l'adsorption du colorant est favorable aux températures élevées, et ceci est confirmé par les valeurs du paramètre d'équilibre R_L ($0 < R_L < 1$) [5].

L'enthalpie (-55.088 kJ.mol^{-1}) étant négative, nous pouvons conclure que la réaction d'adsorption du colorant BC sur le NATA est exothermique et que la valeur de l'entropie 121.209 J.mol^{-1}.K^{-1} est importante. La valeur de l'entropie montre que l'occupation des pores par le colorant se fait d'une manière aléatoire et que le désordre est élevé. En effet, les énergies d'adsorption mises en jeu lors de l'attraction électrostatique des charges de l'adsorbant et de l'adsorbat ne sont pas les mêmes. L'énergie d'activation du processus d'adsorption est déterminée suite à l'étude de quatre cinétiques effectuées à la concentration initiale en colorant BC de 40 mg.L^{-1} à différentes températures suivi de leur modélisation pour déterminer les constantes de vitesse correspondantes.

La figure (IV.3.18) représente la modélisation des cinétiques à différentes températures.

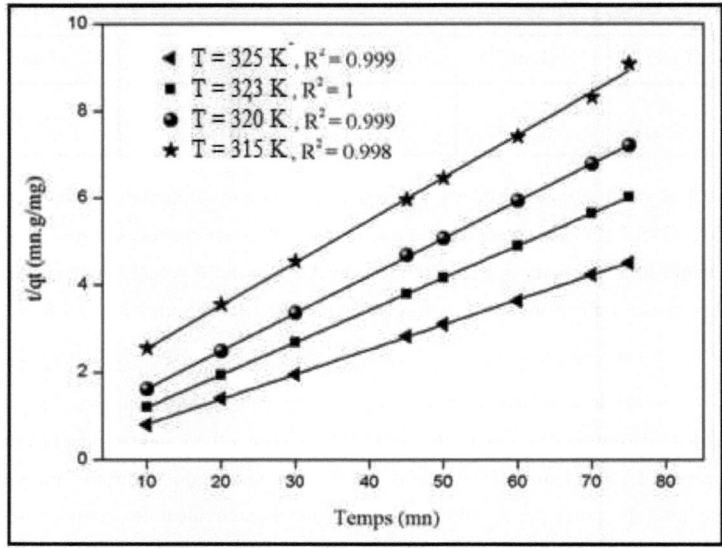

Figure IV.3.18: Modélisation des cinétiques à différentes températures

($C_0 = 40$ mg.L^{-1}, T = (315- 325) K, d = 7 g.L^{-1}, t = 45 mn, pH = 2,

gr = [315-800] μm et v = 300 tr.mn^{-1})

La modélisation des cinétiques montre que le modèle cinétique du pseudo-second ordre décrit mieux les résultats expérimentaux, l'identification des équations des droites de régression et la forme linéaire du modèle cinétique permet de déduire la constante de vitesseet la capacité maximale pour chaque température.

Les résultats obtenus sont consignés dans le tableau (IV.3.8).

Tableau IV.3.8: Valeurs des constantes de vitesses à différentes températures

T (K)	q_e (mg.g^{-1})	K_2 (g.mg^{-1}.min^{-1})	R^2
315	10.18	6.10 10^{-3}	0.998
320	11.63	9.64 10^{-3}	0.999
323	13.49	11.9 10^{-3}	1.000
325	17.58	13.10 10^{-3}	0.999

L'application de la loi d'Arrhenius [10] donnée sous la forme linéaire suivante : $LnK_2 = (-Ea/RT) + A$, et le tracé de $LnK_2 = f(1/T)$ (Figure IV.3.19) en fonction de $1/T$ permet de déduire l'énergie d'activation Ea et la constante A.

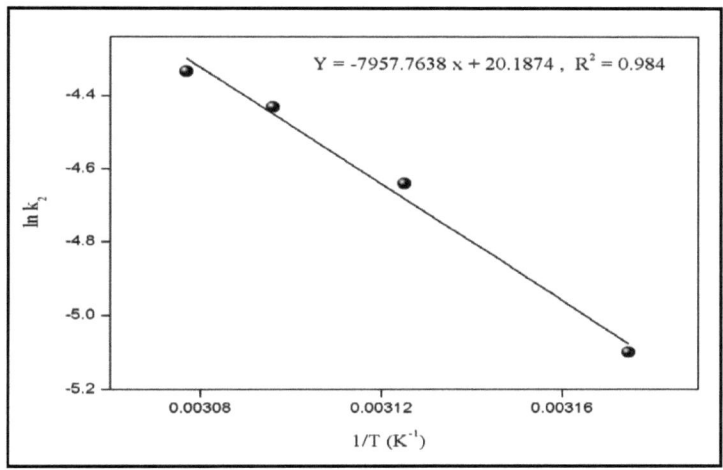

Figure IV.3.19: Détermination de l'énergie d'activation

Le graphe nous permet de déduire l'énergie d'activation Ea et la constante A qui ont pour valeurs respectives 66.161 kJ.mol^{-1} et 20.1874 g.mg^{-1}.min^{-1}, elles sont déduites graphiquement à partir de la pente (Ea/R) et de l'ordonnée à l'origine (A). La valeur de l'énergie d'activation étant supérieure à 60 kJ.mol^{-1}, ceci permet de conclure que le processus d'adsorption est une chimisorption.

III.6. Caractérisation de l'adsorbant NATA avant et après adsorption par le microscope électronique à balayage (MEB)

La microstructure de noyau d'abricot à l'état de poudre avant et après adsorption a été caractérisée au microscope électronique à balayage « MEB » de type JEOL 840 L.G.S. à différents grossissements permettant de visualiser la disposition des pores, la continuité des cavités au sein des pores, ainsi que leur occupation par l'adsorbat après les tests d'adsorption. Les micrographies obtenues sont données par les figures (IV.3.20 à IV.3.25).

Figure IV.3.20: Micrographie de l'adsorbant avant adsorption (500 µm)

Figure IV.3.21: Micrographie de l'adsorbant avant adsorption (50 µm)

Figure IV.3.22: Micrographie de l'adsorbant avant adsorption (200 µm)

Figure IV.3.23: Micrographie de l'adsorbant après adsorption (500 µm)

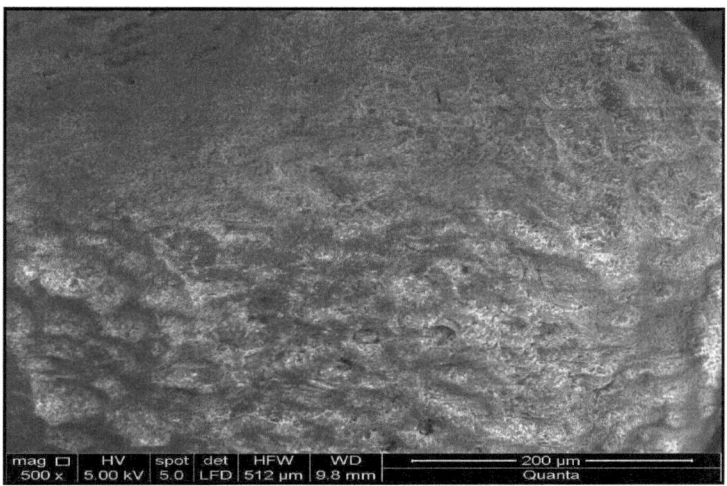

Figure IV.3.24: Micrographie de l'adsorbant après adsorption (200 µm)

Figure IV.3.25: Micrographie de l'adsorbant après adsorption (50 µm)

Les micrographies obtenues avec le MEB pour l'adsorbant avant l'adsorption (Figures IV.3.20- IV.3.23) nous ont permis de conclure que l'adsorbant présente une

173

structure poreuse hétérogène, des zones caractérisées par une accumulation de grains formant des agrégats de formes variables et des lingots poreux de différentes dimensions.

Cette structure de l'adsorbant conduit à la diffusion de l'adsorbat à travers les pores d'une manière désordonnée. Le grossissement plus élevé montre que la surface de l'adsorbant chargée semble un site d'attraction électrostatique des adsorbats, ce qui permettra une bonne diffusion du colorant BC, et augmentera le nombre de sites accessibles et particulièrement pour les métaux lourds de faible volume atomique.

Les figures (IV.3.23-IV.3.25) reflètent l'état de surface de l'adsorbant à différents grossissements après adsorption, les micrographies d'échantillon montrent que les pores ainsi que les cavités sont occupées par le colorant et que la forme la surface est pratiquement aléatoire. Les surfaces inter granulaires des grains sont occupées. Néanmoins, quelques interstices sont inoccupés et ceci est du probablement aux forces de répulsion de charges de même nature ou à la dimension insuffisante pour recevoir l'adsorbat.

Suite à cette étude, nous pouvons conclure que l'adsorbant NATA préparé présente les caractéristiques indispensables pour un bon adsorbant. En effet, la surface spécifique et l'indice de porosité valent respectivement 88 m^2g^{-1} et, et les quantités adsorbées sont 111.11 $mg.g^{-1}$ pour le métal cobalt et 98.022 $mg.g^{-1}$ en colorant bleu de Coomassie. Ces valeurs sont satisfaisantes comparées aux résultats bibliographiques, néanmoins un affinement dans la préparation de l'adsorbant est nécessaire. Le traitement thermique se fera dans un four programmable en présence d'argon pour améliorer davantage la surface spécifique.

III.7. Etude comparative

Afin de valoriser notre adsorbant sur le plan économique, une étude comparative des paramètres analytiques optimums, du mode de préparation, des modèles cinétiques et d'isothermes appliqués, ainsi que le domaine de température étudié est effectuée sur l'adsorption du colorant BC par les différents adsorbants [7, 8]. Les données d'adsorption comparative des adsorbants utilisés pour l'élimination du bleu de Coomassie sont regroupées dans le tableau (IV.3.9). Une étude comparative plus détaillée avec d'autres colorants anioniques et cationiques et en fonction de la température est donnée dans l'annexe I. Nous avons comparé nos résultats à ceux d'autres auteurs (Tableau IV.3.9). L'étude comparative concerne la capacité d'élimination des colorants acides ou basiques, le type d'adsorbants

Tableau IV.3.9: Etude comparative des paramètres d'adsorption du G-250

Paramètres	Son de blé [7]	Chair de la noix de coco [8]	Adsorbant NATA
pH	2	Naturel (6.7)	2
λ_{max} (nm)	580	580	595
Dose de l'adsorbant (g.L^{-1})	2	4	7
Granulométrie (μm)	500	500	315-800
Temps d'équilibre (mn)	60	150	45
Surface spécifique (m^{2}g^{-1})	6.62	.	88.01
Température (K)	(25-70) $^{\circ}$C	30 $^{\circ}$C	(22.5-50) $^{\circ}$C
Modèle d'isotherme	Langmuir	Langmuir Freundlich	Langmuir Freundlich
q_{max} (mg.g^{-1})	6.341 à T = 25 $^{\circ}$C .	31.84 à T = 30 $^{\circ}$C .	10.09 à T = 22.5 $^{\circ}$C 98.022 à T = 50 $^{\circ}$C
Nature de la cinétique	Ordre 2	Ordre 2	Ordre 2
Enthalpie (kJ.mol^{-1})	63.77		- 5.977
Entropie (kJ.mol^{-1}. K^{-1})	1320	.	- 21.448
Enthalpie libre (kJ.mol^{-1})	Spontanée	.	Non spontanée
Energie Ea (kJ.mol^{-1})	9684	.	62.245
Nature de la réaction	Endothermique	.	Exothermique

La capacité d'adsorption du colorant BC par l'adsorbant NATA est nettement supérieure à celles obtenues avec les autres adsorbants cités dans le tableau IV.7. Ce résultat peut être attribué à la porosité développée par le protocole d'activation chimique et physique de l'adsorbant.

Ce résultat est confirmé par la surface spécifique élevée (88 $m^2.g^{-1}$) obtenue avec la méthode de B.E.T de l'adsorbant NATA. Elle est nettement supérieure à celle de l'adsorbant à base de son de blé (6.62 $m^2.g^{-1}$) et cela confirme davantage l'efficacité de l'activation. Dans la gamme de température étudiée (22.5 à 50 °C), la valeur de la capacité de rétention passe de 10.09 à 98.02 $mg.g^{-1}$ pour les températures respectives 22.5 et 50 °C.

En outre, l'effet de la température sur le pouvoir de rétention du colorant n'a pas été étudié par les auteurs [7, 8]. La réaction d'adsorption est endothermique et exothermique pour les adsorbants respectifs son de blé et NATA. En conclusion, l'adsorbant NATA que nous avons préparé possède les propriétés requises pour dire que c'est un bon adsorbant.

Nous remarquons que les résultats obtenus pour l'élimination de quelques polluants tels que le bleu de Coomassie (q_{max} = 98.02 $mg.g^{-1}$) et le cobalt (q_{max} = 111.11 $mg.g^{-1}$) sont encourageants et que la capacité maximale d'adsorption de l'adsorbant élaboré à base de noyaux d'abricot est supérieure à celles données dans la littérature [7, 8].

Références bibliographiques du chapitre IV
(Etude paramétrique du bleu de Coomassie)

[1] H. J. Chial, H. B.Thompson, A. G. Splittgerber, A spectral study of the charge forms of Coomassie Blue G. Analytical Biochemistry, V 209 (2), **(1993)** 258-266.

[2] I. Nduwayezu, Adsorption et désorption du plomb dans un Sol Sablonneux **(2010)**, Maitrise en Science de L'environnement. Université du Québec.

[3] Z. shardryari et al, Experimental stady of methylene bleu adfsorption from aqueous solution onto carbon nano tube I. J. of Water Resources and Environmental Engineering V2 (2) **(2010)** 16-28.

[4] W. Zou, H. Bai, S. Gao, and Ke Li Korean, Characterization of modified sawdust, kinetic and equilibrium study about methylene blue adsorption in batch mode Chem. Eng., 30(1), **(2013)**111-122.

[5] R. H Perry's Chemical Engineers Handbook, **(1997)** 6th Edition, McGraw-Hill, USA.

[6] S.C. Tsai, K.W Juang, Comparision of linear and non-linear forms of isotherm models for strontium sorption on a sodium bentonite. Journal of Radioanal. Nuclear Chem., V 243 **(2000)** 741-746.

[7] R. Naveen Prasad, S. Viswanathan, J. Renuka Devi, Johanna Rajkumar and N. Parthasarathy, Kinetics and equilibrium studies on biosorption of CBB by Coir Pith. American-Eurasian Journal of Scientific Research 3 (2) **(2008)**123-127.

[8] S. Ata, Muhammad Imran Din, Atta Rasool, Imran Qasim, and Ijaz Ui Mohsin, Equilibrium, thermodynamics, and kinetic sorption studies for the removal of Coomassie brilliant blue on wheat bran as a low-cost adsorbent. Journal of analytical Methods in chemistry V **(2012)** doi 10.1155/2012/405980.

CONCLUSION GENERALE

Conclusion générale

Dans le domaine du traitement des effluents industriels, la technique d'adsorption reste une méthode efficace pour la rétention des métaux lourds et des colorants. Le charbon actif, matériau de texture poreuse très développée, est l'adsorbant le plus approprié pour la dépollution des cours d'eau. Effectivement, le charbon actif présente une grande capacité et une bonne sélectivité d'adsorption, malgré le coût élevé de sa production et des difficultés rencontrées lors de sa régénération. Récemment, beaucoup d'adsorbants moins onéreux ont été testés dans le cadre de la protection de l'environnement. Il faut signaler la nécessité d'une étude approfondie dans la fabrication des charbons actifs à partir de matières issues de déchets agricoles ou autres, en particulier, les dérivés lignocellolosiques (bois, noyaux de fruits …), polymères et les charbons minéraux.

Etant donné la place de l'Algérie dans la production de l'abricot dans le bassin méditerranéen, une quantité importante de noyaux d'abricots est générée chaque année et constitue une source importante de déchets agricoles. De tels sous-produits sont, pourtant, susceptibles de présenter un intérêt économique appréciable. Il est donc judicieux de valoriser de tels déchets en élaborant des charbons activés. Cette solution permet d'une part de les éliminer et d'autre part d'élaborer des charbons actifs à moindre coût.

Dans ce travail, nous avons préparé un adsorbant à partir des coquilles de noyaux d'abricots par activation chimique et thermique.

> ➢ L'activation chimique consiste à imprégner la poudre issue des coquilles de noyaux d'abricots dans l'acide H_3PO_4 de pureté 85 % en masse.
> ➢ L'activation physique consiste à calciner la poudre obtenue après lavage dans un four à moufle à une température de 250 °C durant 5 à 6 heures.
> ➢ L'adsorbant préparé a été caractérisé par :
> - Spectroscopie infrarouge à transformée de Fourrier (FTIR) pour connaitre les groupements fonctionnels.
> - Diffraction des rayons X pour déterminer la structure cristalline.
> - Fluorescence X pour déterminer la composition semi quantitative.
> - Analyse par B.E.T pour déterminer la surface spécifique
> - Analyse élémentaire pour déterminer les pourcentages en C, H, N et O.
> - MEB pour comparer les pores avant et après adsorption.

Nous avons remarqué que les propriétés physico-chimiques et en particulier les propriétés d'adsorption du NATA dépendent des conditions de préparation d l'adsorbant. Les groupements fonctionnels existants à la surface de l'adsorbant sont principalement les fonctions hydroxyle, méthyle, éthyle et cétone, ces groupements jouent le rôle de sites d'adsorption. Les sites d'adsorption sont plus favorables au cobalt qu'au colorant ; nous avons attribué cette sélectivité au volume de l'adsorbat. La connaissance de ces caractéristiques est importante pour une meilleure compréhension du mécanisme et de la sélectivité d'adsorption des cations métalliques par l'adsorbant. Le rôle des fonctions organiques, nous semble prépondérant dans l'adsorption du cobalt et le colorant par l'adsorbant NATA. Le phénomène observé consiste en un transfert de l'adsorbat de la phase liquide vers la phase solide.

Nous avons montré également que le noyau d'abricot activé par l'acide phosphorique H_3PO_4 85 %, permet une meilleure rétention du cobalt et du colorant que le noyau d'abricot non traité « NANT ». Effectivement, la surface spécifique de la poudre des noyaux d'abricots a augmenté après l'activation. Le traitement acide modifie la structure du NANT et fait apparaître de nouveaux sites d'adsorption (augmentation de la densité de charge).

L'adsorption du cobalt et du colorant sur le NATA, indique que dans l'adsorbant existe des sites d'affinité élevée et des sites de faible affinité vis-à-vis de l'adsorbat. L'adsorption du colorant est de type complexe, elle est attribuée à l'existence de divers sites d'adsorption sur l'adsorbant, qui ne sont pas équivalents énergétiquement. La fixation du cobalt ou du colorant sur l'adsorbant a permis de confirmer l'importance de certains paramètres expérimentaux qui sont la concentration initiale du polluant, la température, la vitesse d'agitation, la granulométrie et le pH du milieu réactionnel.

Nous avons remarqué que la capacité d'adsorption du cobalt et du colorant augmente avec l'accroissement des concentrations initiales et elle est plus marquée pour le colorant avec la température. L'étude de l'effet du pH a permis d'observer une fixation maximale à pH 9 pour le cobalt et à pH 2 pour le colorant. La capacité d'adsorption maximale obtenue à pH 9 est de 111.11 mg.g^{-1} pour le cobalt, au delà du pH 9 un phénomène de précipitation de l'hydroxyde de cobalt $Co(OH)_2$ ($Ks = 5.92.10^{-15}$) apparait et qui ne fait plus partie de l'adsorption proprement dite. La capacité d'adsorption maximale Q_{max} obtenue à pH 2 est de 10.06 mg.g^{-1} pour le colorant à T = 22.5 °C, cette dernière passe à 98.022 mg.g^{-1} lorsque la température est de 50 °C.

La modélisation des isothermes d'adsorption par les modèles de Langmuir, Freundlich, Elovich et Temkin montre que les modèles de Langmuir et Freundlich décrivent mieux les résultats expérimentaux. De plus, le calcul des paramètres statistiques SSE et RMSE montrent que le modèle de Freundlich présente une meilleure corrélation pour l'adsorption des polluants.

Le tracé des isothermes d'adsorption montre que le phénomène observé correspond à une adsorption non saturable au niveau de sites définis de l'adsorbant. Cette non-conformité au modèle idéal de Langmuir indique un processus d'adsorption complexe telle que la formation de multicouches, l'interaction mutuelle entre les sites d'adsorption, l'existence de multiformes d'adsorbat, ou une combinaison de ces phénomènes.

La détermination des paramètres thermodynamique enthalpie, entropie, enthalpie libre et énergie d'activation a permis de constater que le phénomène de fixation est :

- Endothermique ($\Delta H^0 > 0$) pour le cobalt.
- Exothermique ($\Delta H^0 < 0$) pour le colorant.
- Energie d'activation déterminée pour le colorant est de 66.161 kJ.mol^{-1}.
- Le processus d'adsorption est non spontané pour le cobalt et est spontané pour le colorant

L'étude thermodynamique a montré que l'adsorption est de type chimique pour les quantités de cobalt ou colorant adsorbées. En ce qui concerne la variation de l'entropie d'adsorption obtenue entre l'adsorption du cobalt (0.349 kJ.mol^{-1}.K^{-1}) et le colorant (-21.44 kJ.mol^{-1}.K^{-1}) peut s'expliquer par :

- Les interactions entre molécules en phase adsorbée tendent à diminuer l'énergie d'adsorption du mécanisme réactionnel.
- La surface de l'adsorbant n'est pas énergétiquement homogène, mettant en évidence des sites d'affinité élevée et des sites de faible affinité, ceci peut s'interpréter du fait que l'équation de Langmuir ne peut pas représenter l'ensemble de nos résultats.
- L'adsorption sur cet adsorbant s'effectue sur une surface énergétiquement hétérogène.

La modélisation de la cinétique d'adsorption du cobalt et du colorant sur l'adsorbant NATA semble être décrite parfaitement par la cinétique de pseudo-second ordre.

En effet, le coefficient de corrélation est proche de l'unité et que la quantité maximale d'adsorption calculée et expérimentale présente le même ordre de grandeur.

Par ailleurs, nous avons tenté de définir les modèles diffusionnels par une série d'hypothèses que nous avons essayées par la suite de confirmer. Il s'agit en fait de déterminer l'étape limitante dans le processus d'adsorption, et nous avons montré que la diffusion intraparticulaire n'est pas l'étape limitante, car la représentation graphique $q_t = f (t^{1/2})$ n'est pas une droite passant par l'origine. De plus, le graphe $LnC_f = f(t)$ n'étant pas une droite, nous pouvons conclure que d'autre mécanismes sont impliqués dans ce processus.

Enfin, les expériences réalisées et exposées dans cette étude, ont été effectuées sur des solutions synthétiques simples. Donc, l'utilisation de colonnes au laboratoire dans le but d'expérimenter l'épuration en flux continue pourrait constituer un premier pas important vers le développement et l'application à l'échelle industrielle.

Dans le futur, nous comptons réaliser les travaux suivants :

❖ Préparation d'un charbon actif, matériaux à grande capacité d'adsorption, par activation chimique (acide, base, $ZnCl_2$ et $CaCl_2$) des noyaux d'abricots combinée à une activation physique dans un four adéquat sous un courant d'argon.

❖ Comparer le développement de la texture poreuse de l'adsorbant préparé en fonction du mode d'activation pour obtenir le meilleur adsorbant pour la rétention des métaux lourds et des colorants des eaux de rejet des industries textiles.

❖ Montrer que l'abondance naturelle de ce déchet alimentaire pourrait offrir un nouveau support d'adsorption et contribuer à la dépollution des eaux de rejet.

❖ Faire une étude comparative de la capacité d'adsorption de l'adsorbant préparé avec d'autres pour démontrer son intérêt industriel et économique.

❖ Elaboration d'un plan d'expérience pour l'étude paramétrique des paramètres influant sur la capacité d'adsorption pour un gain de temps et de produits afin de tester toute la série des métaux lourds et des colorants les plus utilisés.

❖ Essais d'élaboration des programmes informatiques permettant de faire des modélisations des cinétiques et des isothermes.

❖ Nous souhaitons réaliser des tests d'adsorption en colonne dans des conditions applicables au traitement d'effluents industriels.

ANNEXES

COURBES D'ETALONNAGES

Courbe d'étalonnage du cobalt $\lambda_{max} = 240.7$ nm

Tableau A.I.1: Variation de l'absorbance en fonction de la concentration du Co

Co (mg.L^{-1})	A $_{moy}$	D.S	RSD %
0.0	- 0.00019	0.000431	**3.30**
0.2	0.01126	0.000627	**5.57**
0.5	0.02980	0.000360	**1.2**
1.0	0.05554	0.000182	**0.33**
1.5	0.08207	0.000322	**0.39**
2.0	0.1107	0.000769	**0.69**
3.0	0.1565	0.001538	**0.982**

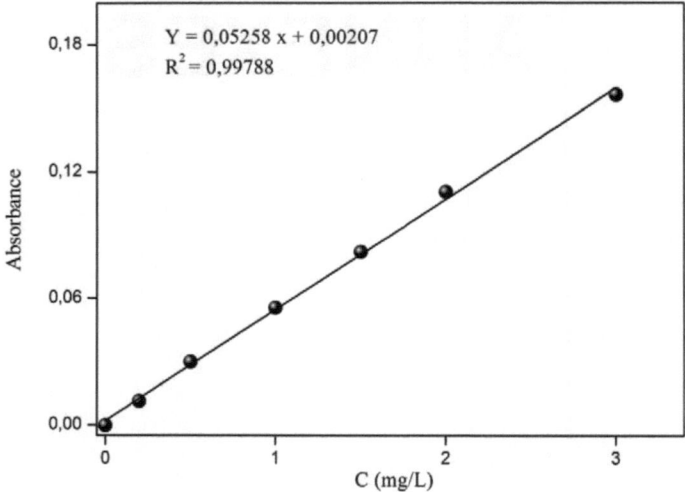

Figure A.I.1: Courbe d'étalonnage du cobalt

184

Courbe d'étalonnage du Blue de Coomassie G-250 , λ_{max} = 595 nm

Tableau A.I.2: Variation de l'absorbance en fonction de concentration du BC

C (mg.L^{-1})	0	5	10	30	40
Abs	0	0.15 0.14 0.16	0.32 0.31 0.33	0.98 0.98 0.97	1.27 1.27 1.27

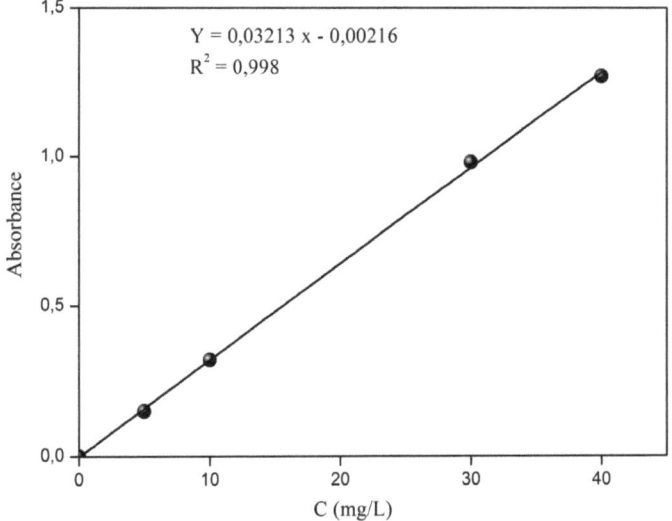

Figure A.I.2: Courbe d'étalonnage du bleu de Coomassie

Tableau A.I.3: Etude comparative des préparations des adsorbants à base des coquilles des noyaux d'abricot.

Origine	Algérie (Boumerdes)			Algérie (Bejaia)
Traitement : Chimique	H_3PO_4 85 % S/L (60/100)			H_2SO_4 50 %
Carbonisation	T : 400 °C , temps : 5h			T : 250 °C , temps : 24h
Surface spécifique $(m^2.g^{-1})$	88.08			393.2
Polluant	Co^{+2}		BBC	Pb^{+2}
q_{max} $(mg.g^{-1})$	111.11		98.06	21.38
Journal de publication	**J. Ind. Eng. Chem.**		**I F: 2.14**	**Desalination I F : 2.59**
Année	2014			2011
Origine	**Iran**			**Iran**
Traitement : Chimique	H_3PO_4 85 % S/L (1/1)			H_3PO_4 85 % S/L (1/1)
Carbonisation	T : 250 °C, temps : 5h			T : 100 - 400 °C, temps : 24h
Surface spécifique $(m^2.g^{-1})$	861			1387
Polluant	**Pb**	**Zn**	**Cu**	**Cd**	**Au**
q_{max} $(mg.g^{-1})$	89.6 %	60 %	95.5 %	86 %	98 %
Journal de publication	**J. Hazar. Mater.**		**I F: 4.55**	**J. Biores. techn. I F: 4.55**
Année	2008			2008
Origine	**Iran**			**Turquie**
Traitement : Chimique	H_3PO_4 85 % S/L (1/1)			H_2SO_4
Carbonisation	T : 100 - 400 °C, temps : 24h			T : 250 °C, temps: 24h
Surface spécifique $(m^2.g^{-1})$	1387			560
Polluant	**Au**			**Astrazon Yellow**
q_{max} $(mg.g^{-1})$	98.15 % après 3h			221.23
Journal de publication	**Chin. J. Chem. Eng. I F: 3.46**			**J. Biores. techn. I F: 4.55**
Année	2008			2008

Origine	Iran	Turquie
Traitement : Chimique Carbonisation Surface spécifique $(m^2.g^{-1})$ Polluant q_{max} $(mg.g^{-1})$	H_2SO_4 S/L (1/1) T : 200 ^{o}C, temps: 24h ….. **Cr^{+6} Cd^{+2} Co^{+2} Ni^{+2} Cu^{+2} Pb^{+2}** 97.48 % ------------------ 99.6 %	H_2SO_4 S/L (1/1) T : 200 ^{o}C, temps: 24h 369 **Asrazon Blue FGRL** 181.5
Journal de publication **Année**	**Int. J. of Ch. En . Eng IF: 0.367** 2014	**Hazard. Mater IF: 2.33** 2007
Origine	**Turquie**	**Turquie**
Traitement : Chimique Carbonisation Surface spécifique $(m^2.g^{-1})$ Polluant q_{max} $(mg.g^{-1})$	H_2SO_4 S/L (1/1) T : 200 ^{o}C, temps: 24h 566 **Ni^{+2} Co^{+2} Cd^{+2} Pb^{+2}** 27.21 30.07 33.57 22.85 **Cu^{+2} Cr^{+3} Cr^{+6}** 24.21 29.47 34.7	H_2SO_4 S/L (1/1) T : 200 ^{o}C, temps: 24h 369 **Cr^{+6}** 11.44-20.98
Journal de publication **Année**	**J. Biores. Techn I F: 4.98** 2005	**J.Water SA I F: 0.6** 2004

Tableau A.I.4: Synthèse bibliographique des capacités d'adsorptions des colorants cationiques et anioniques par les différents adsorbants

Colorants	Adsorbants		q_{max} (mg/g)	References
CBB	**Apricot Stones Activated Carbon**		**98.021**	Notre étude
CBB	Wheat bran as a low-cost adsorbent.		6.4100	[1]
CBB	Coir Pith		31.847	[2]
Basic Yellow	Cranular A C produced from Coffee Ground		10.000	[3]
Methylene Blue	Bamboo Dust Carbon		143.20	[4]
Acid Fuchsin	Sodium Motmorillonite		93.240	[5]
Acid Blue 45	Activated Carbon cloth		65.460	[6]
Acid Blue 92	Activated Carbon cloth		49.530	[6]
Acid Blue 120	Activated Carbon cloth		28.040	[6]
Acid Blue 129	Activated Carbon cloth		61.430	[6]
Methylene Bleu	Grounde Palm Kernel coat		277.77	[7]
Jaune Benzanyl	Bentonite		40.50	[8]
Rouge Benzanil	Bentonite		39.11	[8]
Vert Nylomine	Bentonite		30.60	[8]
Jaune Benzanyl	Kaolin		30.60	[8]
Rouge Benzanil	Kaolin		29.22	[8]
Vert Nylomine	Kaolin		9.450	[8]
Methylene Blue	Carbon nano tube	T = 290 K	103.62	[9]
		T = 300 K	109.31	[9]
		T = 310 K	119.70	[9]
Vert de methyl	Charbon actif		30.700	[10]
Astrazon Yelow	Apricot stone activated carbon		211.23	[11]
Methylene Blue	A.C prepared from strychnos potatorium seed		100.00	[12]
Methylene Blue	Activated carbon (coconut shell fibbers)		19.59	[13]
Methylene Blue	Activated carbon (olive stones)		303.0	[14]
Methylene Blue	Coton wast		240.0	[15]
Methylene Blue	Date ppits		80.30	[16]
Methylene Blue	Zeolite		53.10	[17]
Methyl Orange	Camel thorn plant		20.830	[18]
Rouge Congo	Charbon actif		35.210	[19]
Methylene Blue	Charbon actif		194.73	[19]
Rouge Congo	Lignin-based activated carbons		812.50	[20]
Basic Blue 3	A. carbon derived from agricultural waste		227.27	[21]
Methylene Blue	Modified Sawdust	T = 293 K	115.84	[22]
		T = 303 K	119.02	[22]
		T = 313 K	160.28	[22]
Methyl Orange	**Pinecone derived Activated Carbon**		404.42	[23]
Methyl Orange	Yam Leaf Fibers		357.14	[24]
Yellow Astrzon	Sawdust		81.770	[25]

Références bibliographiques du tableau comparatif
de la capacité d'adsorption maximale du BC

[1] S. Ata, M.I Din, A. rasool, I. Qasim, and I. Mohsin, Equilibrium, thermodynamics, and kinetic sorption studies for the removal of Coomassie Brilliant Blue on wheat bran as a low-cost adsorbent. J. of Analytical methods in Chemistry V **(2012)** 8.

[2] R. Naveen Prasad, S. Viswanathan, J. Renuka Devi, Johanna Rajkumar and N. Parthasarathy, Kinetics and equilibrium studies on biosorption of CBB by coir pith. American-Eurasian Journal of Scientific Research 3 (2) **(2008)** 123-127.

[3] A. Namane, A. Mekarzia, K. Benrachedib, N. Belhaneche-Bensemra, A. Hellal, Determination of the adsorption capacity of activated carbon madefrom coffee grounds by chemical activation with $ZnCl_2$ and H_3PO_4, J. Hazardous Materials B119 **(2005)** 189-194.

[4] N. Kannan, M. M Sundaram, Kinetics and mechanism of removal of methylene blue by adsorption on various carbons - a comparative study, Dyes Pigments 51 **(2001)** 25-40.

[5] A. S. Elsherbiny, Adsorption kinetics and mechanism of acid dye onto montmorillonite from aqueous solutions: Stopped-flow measurements, Appl. Clay Sci. 83 **(2013)** 56-62.

[6] N. Hoda, E. Bayram, E. Ayranci, Kinetic and equilibrium studies on the removal of acid dyes from aqueous solutions by adsorption onto activated carbon cloth, J. Haza. Mater. B137 **(2006)** 344-351.

[7] N. A Oladoja et al, Kinetic and isotherm studies of MB adsorption onto ground palm kernel coat Turkish J. Eng. Env. Scienc 32 **(2008)** 303-312.

[8] B. Benguella, A. yacouta Nour, Elimination des colorants acides en solution aqueuse par la bentonite et le Kaolin C.R chimie **(2009)** 1-10.

[9] Z. hardryari et al Experimental stady of methylene bleu adsorption from aqueous solution onto carbon nano tube I.J. of Wat. Res. and Environ. Engineering V 2 (2) **(2010)** 16-28.

[10] O. Baghriche, K. djebbar, T. sehili, Etude de l'adsorption du vert de methyl sur un charbon actif en milieu aqueux. Science et Technologie A, N 27 V B **(2008)** 57-62.

[11] E. Demirbas, M. kobay, M.T Sulak, Adsorption kinetics of a basic dye Astrazon Yelow 7 GL from aqueous solutions onto apricot stone activated carbon Biores. Terchnology 99 **(2008)** 5368-5373.

[12] M. Jerald Antony Joseph and N. Xavier, Equilibrium isotherm studies of MB from aqueous solution unto activated carbon prepared from strychnos potatorium seed International journal of applied biology and pharmaceutical technology V3(3) **(2012)** 27-31

[13] G.T Faust, J.C Hathaway, G.A Millot, Restudy of stevensite and allied minerals. Am. Miner. 44, **(1959)** 342-370.

[14] E. Voudrias, K. Fytianos Bozani, E, Sorption-desorption isotherms of dyes from aqueous solutions and wastewaters with different sorbent materials. Global Nest: the Int. J. 4 **(2002)** 75-83.

[15] T.W Weber, R.K Chackravorti, Pore and solid diffusion models for fixed bed absorbers. Amer. Inst. Chem. Eng. J. 20, **(1974)** 228-238.

[16] D. Suteu, D. Bilba, Equilibrium and kinetic study of reactive dye Brilliant Red HE-3B Adsorption by activated charcoal. Acta Chim. Slov. 52, **(2005)** 73-79.

[17] R.J Stephenson, J.B Sheldon, Coagulation and precipitation of a mechanical pulping effluent: Removal of carbon and turbidity. Water Res. 30, **(1996)** 781-792.

[18] F. Mogaddasi, M. Momen Heravi, M.R. Bozorgmehr, P.Ardalant and T. ardalant, Kinetic and thermodynamic study on the removal of methyl orange from Aqueous solution by Adsorption onto camel thorn plant Asian journal of chemistry V22 N7 **(2010)** 5093-5100.

[19] N. Bouchamel, Z. Merzougui, F. Addoun, Adsorption en milieu aqueux de deux colorants sur charbons actifs a base de noyaux de date J. soc. Alger. Chim, 21(1) **(2011)** 1-14.

[20] L. M. Cotoruelo, M. D. Marqués, F. J. Díaz , J. R. Mirasol, J. J. Rodríguez, T. Cordero Equilibrium and kinetic study of congo red adsorption onto Lignin-Based activated carbons Transp Porous Med 83, **(2010)** 573-590.

[21] B.H. Hameed, F.B.M. Daud, Adsorption studies of basic dye basic blue 3 (BB3) on activated carbon derived from agricultural waste: Hevea brasiliensis seed coat Chem. Engi. Jo 139 **(2008)** 48-55.

[22] W. Zou, Ho Bai, S. Gao, Characterization of modified sawdust, kinetic and equilibrium study about methylene blue adsorption in batch mode Li Korean J. Chem. Eng., 30(1), **(2013)**111-122.

[23] M. R. Samarghandi, M. Hadi, S. Moayedi, F. Barjasteh Askari Iran, Two- parameter isotherms of methyl orange sorption by pinecone derived from activated carbon. J. Environ. Health. Sci. Eng., V 6, N 4, (2009) 285-294.

[24] M. Vinoth, HY Lim, R. Xavier, K Marimuthu, S. Sreeramanan, H.M.H Mas Rosemal, S Kathiresan, Removal of methyl orange from solutions using Yam Leaf Fibers. I. Journal of Chem Tech Research V2 N4 **(2010)** 1892-1900.

[25] N. Ouazene, M.N. Sahmoune, Equilibrium and kinetic modelling of Astrazon Yellow adsorption by sawdust : Effect of important parameters. International Journal of Chemical Reactor Engineering V 8 **(2010)** Article A151.

Tableau A.II.1: Conditions d'analyse

Comments	Dégazage 230 pendant 16 heures				
File Name	**NANT**			Nova File	
Sample Wt.	0.3260 g	Bath Temp.	77.35 K	Station ID	A
Adsorbate	Nitrogen	Outgas Temp.			
Xsec. Area	16.2 Å²/molecule	Outgas Time		Analysis Time	103.0 min
NonIdeality	6.580E-05	P/Po Toler.	0.100/0.100	End of Run	
Molecular Wt.	28.0134 g/mol	Equil. Time	60/60 s		

Tableau A.II.2: Résultats de la distribution des pores pour l'isotherme d'adsorption NANT

Diamater Å	Pore Vol (cc.g^{-1})	Pore Surf Area (m².g^{-1})	Dv(d) (cc.Å^{-1}g^{-1})	Ds(d) (m².Å^{-1}.g^{-1})	Dv(log d) (cc.g^{-1})	Ds(log d) (m².g^{-1})
12.600	2.287E-04	7.259E-01	2.978E-05	9.456E-02	8.366E-04	2.656E+00
19.190	2.672E-04	8.062E-01	7.001E-06	1.459E-02	3.072E-04	6.404E-01
25.000	3.173E-04	8.864E-01	8.196E-06	1.312E-02	4.693E-04	7.511E-01
31.950	3.173E-04	8.864E-01	0.000E+00	0.000E+00	0.000E+00	0.000E+00
41.280	3.173E-04	8.864E-01	0.000E+00	0.000E+00	0.000E+00	0.000E+00
55.290	3.173E-04	8.864E-01	0.000E+00	0.000E+00	0.000E+00	0.000E+00
80.170	3.173E-04	8.864E-01	0.000E+00	0.000E+00	0.000E+00	0.000E+00
143.46	4.200E-04	9.150E-01	1.093E-06	3.048E-04	3.478E-04	9.697E-02
1196.87	7.160E-03	1.140E+00	3.348E-06	1.119E-04	6.338E-03	2.118E-01

Tableau A.II.3: Résultats de la distribution des pores pour l'isotherme de désorption NANT

Diamater Å	Pore Vol (cc.g^{-1})	Pore Surf Area (m².g^{-1})	Dv(d) (cc.Å^{-1}g^{-1})	Ds(d) (m².Å^{-1}.g^{-1})	Dv(log d) (cc.g^{-1})	Ds(log d) (m².g^{-1})
12.500	1.036E-03	3.317E+00	1.463E-04	4.682E-01	4.096E-03	1.311E+01
18.760	1.436E-03	4.170E+00	7.367E-05	1.571E-01	3.159E-03	6.738E+00
24.460	1.755E-03	4.690E+00	5.314E-05	8.688E-02	2.978E-03	4.870E+00
31.230	1.832E-03	4.789E+00	1.030E-05	1.319E-02	7.370E-04	9.441E-01
40.180	1.841E-03	4.798E+00	8.125E-07	8.089E-04	7.475E-05	7.442E-02
53.610	1.893E-03	4.837E+00	3.153E-06	2.353E-03	3.861E-04	2.881E-01
77.040	1.893E-03	4.837E+00	0.000E+00	0.000E+00	0.000E+00	0.000E+00
135.440	1.893E-03	4.837E+00	0.000E+00	0.000E+00	0.000E+00	0.000E+00
1121.48	8.216E-03	5.062E+00	3.354E-06	1.196E-04	5.950E-03	2.122E-01
2133.80	8.337E-03	5.064E+00	8.643E-07	1.620E-05	4.245E-03	7.958E-02

Tableau A.II.4: Résultats de BET pour le NANT

P/Po	Volume [cc/g]	1/(W((Po/P) -1)) STP
1.1673e-01	0.0940	1.125E+03
2.2822e-01	0.1179	2.007E+03
3.3868e-01	0.1427	2.871E+03

$$\textbf{Area} = 4.313\text{E-}01 \text{ m}^2.\text{g}^{-1}$$
$$\textbf{Slope} = 7.866\text{E+}03$$
$$\textbf{Y} - \textbf{Intercept} = 2.083\text{E+}02$$
$$\textbf{Correlation Coefficient} = 0.999994$$
$$\textbf{C} = 3.876\text{E+}01$$

Tableau A.II.5: Résultats de la distribution des pores pour l'isotherme d'adsorption NATA

Diamater Å	Pore Vol $(cc.g^{-1})$	Pore Surf Area $(m^2.g^{-1})$	Dv(d) $(cc.\text{Å}^{-1}g^{-1})$	Ds(d) $(m^2.\text{Å}^{-1}.g^{-1})$	Dv(log d) $(cc.g^{-1})$	Ds(log d) $(m^2.g^{-1})$
10.97	4.713E-02	1.718E+02	4.204E-03	1.532E+01	9.624E-02	3.508E+02
19.04	5.097E-02	1.798E+02	7.810E-04	1.641E+00	3.404E-02	7.153E+01
24.56	5.097E-02	1.798E+02	0.000E+00	0.000E+00	0.000E+00	0.000E+00
31.44	5.097E-02	1.798E+02	0.000E+00	0.000E+00	0.000E+00	0.000E+00
40.41	5.097E-02	1.798E+02	0.000E+00	0.000E+00	0.000E+00	0.000E+00
53.88	5.097E-02	1.798E+02	0.000E+00	0.000E+00	0.000E+00	0.000E+00
77.27	5.097E-02	1.798E+02	0.000E+00	0.000E+00	0.000E+00	0.000E+00
132.56	5.097E-02	1.798E+02	0.000E+00	0.000E+00	0.000E+00	0.000E+00
1196.83	1.973E+00	2.441E+02	9.386E-04	3.137E-02	1.733E+00	5.793E+01

Tableau A.II.6: Résultats de la distribution des pores pour l'isotherme de désorption NANT

Diamater Å	Pore Vol $(cc.g^{-1})$	Pore Surf Area $(m^2.g^{-1})$	Dv(d) $(cc.\text{Å}^{-1}.g^{-1})$	Ds(d) $(m^2.\text{Å}^{-1}g^{-1})$	Dv(log d) $(cc.g^{-1})$	Ds(log d) $(m^2.g^{-1})$
18.90	0.000E+00	0.000E+00	0.000E+00	0.000E+00	0.000E+00	0.000E+00
24.71	0.000E+00	0.000E+00	0.000E+00	0.000E+00	0.000E+00	0.000E+00
31.43	0.000E+00	0.000E+00	0.000E+00	0.000E+00	0.000E+00	0.000E+00
40.40	0.000E+00	0.000E+00	0.000E+00	0.000E+00	0.000E+00	0.000E+00
53.09	0.000E+00	0.000E+00	0.000E+00	0.000E+00	0.000E+00	0.000E+00
76.94	0.000E+00	0.000E+00	0.000E+00	0.000E+00	0.000E+00	0.000E+00
102.27	7.874E-02	3.080E+01	4.395E-03	1.719E+00	1.032E+00	4.037E+02
600.03	1.879E+00	1.508E+02	1.842E-03	1.228E-01	1.817E+00	1.211E+02
1654.87	1.967E+00	1.529E+02	7.737E-05	1.870E-03	2.829E-01	6.839E+00

Tableau A.II.7: Résultats de BET pour le NATA

P/Po	Volume [cc/g]	$1/(W((Po/P)-1))$ STP
1.1956e-01	24.0520	4.517E+00
2.1946e-01	27.7247	8.114E+00
3.3156e-01	30.5970	1.297E+01

Area $= 8.805E+01 \text{ m}^2\text{g}^{-1}$
Slope $= 3.994E+01$
Y - Intercept $= -3.946E-01$
Correlation Coefficient $= 0.998616$
C $= -1.002E+0$

Printed by Books on Demand GmbH, Norderstedt / Germany